TABLES

DE MATURE.

Nantes, Imprimerie Charpentier.

Fig. 1.

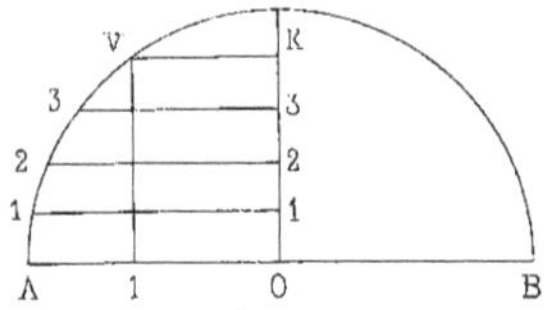

A 1 0 B V K 3 2 1

Fig. 2.

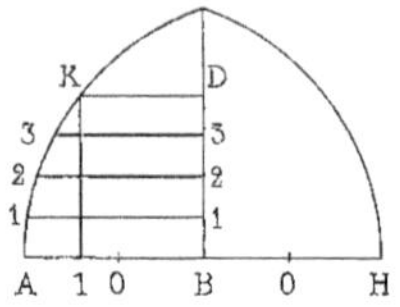

A 1 0 B 0 H K D 3 2 1

Fig. 3.

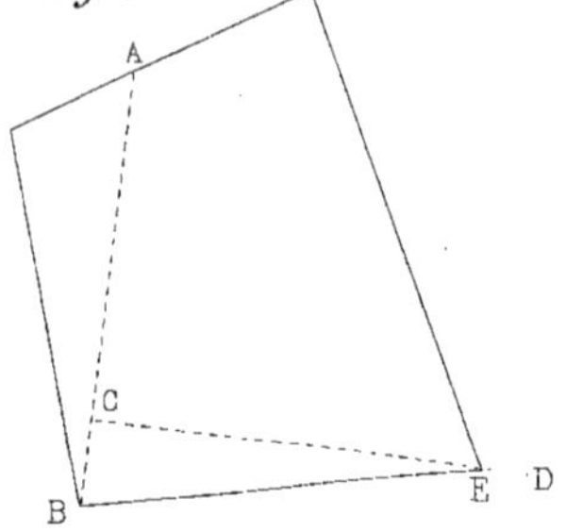

F A C B E D

Fig. 4.

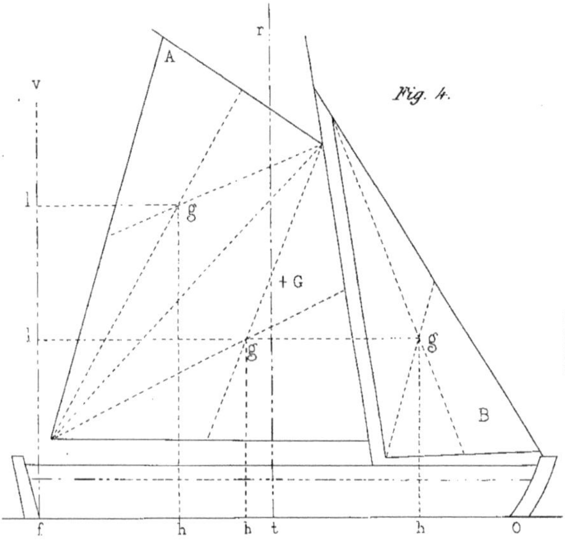

A B r v g G f h h t h O

Fig. 5.

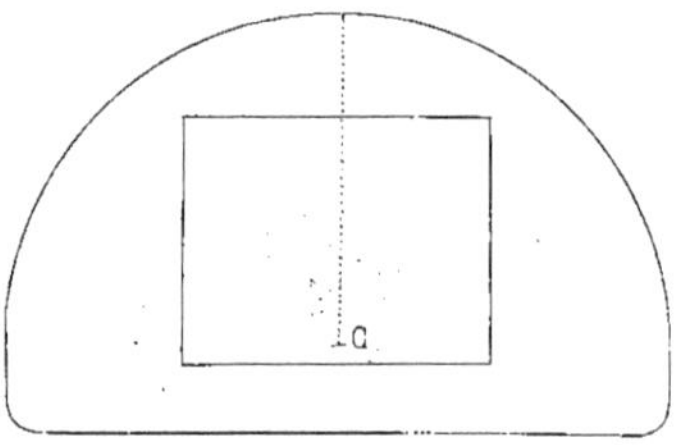

G

Fig. 6.

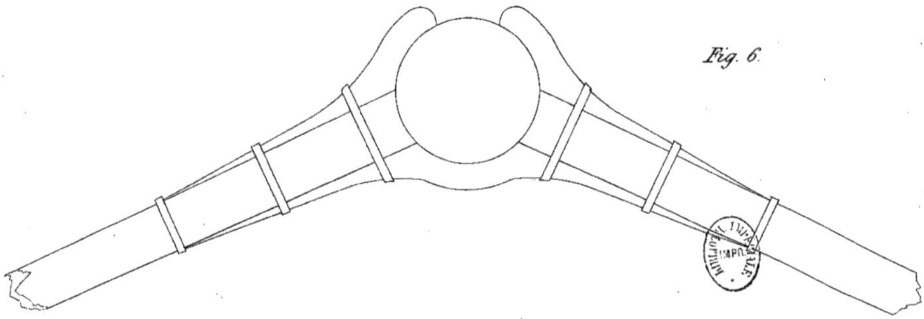

Lith : Charpentier, Nantes.

TABLES

DE

MATURE

PAR

M. AD. D'ÉTROYAT, CONSTRUCTEUR.

PARIS,

MALLET-BACHELIER, LIBRAIRE

DU BUREAU DES LONGITUDES, DE L'ÉCOLE IMPÉRIALE POLYTECHNIQUE,

QUAI DES AUGUSTINS, 55.

1858.

PRÉFACE.

Lorsque je me proposai de publier mon *Traité Élémentaire d'Architecture Navale*, je voulus y comprendre la mâture des bâtiments. Depuis, il m'a semblé que beaucoup de personnes désiraient acquérir séparément cette partie essentielle du navire. Je viens donc la présenter seule, sous le titre de *Tables de Mâture*; mais, afin qu'on puisse la réunir à mon premier ouvrage, je la fais imprimer dans le même format.

Puissent ces nouvelles pages obtenir du public une égale bienveillance.

A. D.

TABLES DE MATURE.

Cet ouvrage n'est point un traité de mâture. Loin de nous la prétention de remplacer Forfait. Lorsque ce savant ingénieur entreprit son travail remarquable, il dut s'appliquer, suivant les instructions du maréchal de Castries, alors ministre de la Marine, à décrire méthodiquement, avec simplicité, les différents genres de gréement employés, à détailler, à faire connaître aux élèves de la Marine les procédés en usage pour établir, travailler et manœuvrer les mâts et vergues, dans toutes les combinaisons prévues.

Tel n'est pas notre but. Nous supposons le lecteur au courant des usages du chantier, de l'établissement, de la tenue d'une mâture quelconque. Il doit savoir qu'un bâtiment gréé en *trois-mâts* se compose de trois bas-mâts et d'un mât de *beaupré*, surmontés de mâts de *hune*, de *perroquet*, de *cacatois* et de bâtons de *foc* et de *clin-foc*, croisés par des *vergues* correspondantes; qu'un *brick* est gréé d'après un système analogue, mais avec un mât de moins; qu'un *sloop* n'a qu'un bas-mât, etc.; que les voiles *carrées* ne sont ni manœuvrées ni configurées comme les voiles *auriques*; que ces dernières glissent le long d'un mât ou d'un espar, s'enverguent sur une *corne* et se bordent au moyen d'un *gui*, ou simplement comme les voiles carrées.

Nous, ce que nous désirons, c'est qu'au moyen de nos tables un jeune constructeur, un marin de l'État ou du commerce puissent déterminer facilement, avec exactitude, les proportions d'une mâture quelconque, les dimensions principales du bâtiment étant données.

Pour obtenir ce résultat, nous nous sommes livré à de longues recherches. Il nous a fallu consulter les quelques ouvrages qui traitent de la mâture, analyser, comparer plusieurs centaines de bâtiments de tous genres, de différentes provenances.

Notre tâche fut simplifiée, nous nous empressons de le reconnaître, sous la haute protection de Son Excellence l'amiral Hamelin, ministre de la Marine et des Colonies, par les renseignements bienveillants de M. le contre-amiral Jehenne, préfet maritime à Lorient. MM. Guibert aîné, constructeur à Nantes; J. Sivrac, ancien capitaine au long-cours, aujourd'hui armateur à Bordeaux; plusieurs constructeurs, officiers de marine, maîtres-mâteurs et voiliers ont bien voulu nous adresser des notes et des conseils. Il est juste de reporter à qui de droit le mérite de notre travail. S'il est défectueux, c'est à nous seul qu'il faut s'en prendre. Les matériaux ne nous ont pas manqué.

Cependant, il nous est permis d'espérer que cet ouvrage sera favorablement accueilli. Ce n'est pas, en effet, une opinion personnelle, un système favori que nous cherchons à préconiser, à répandre. Nous exposons tout simplement, sans rien y ajouter de nous-même, le résumé fidèle, impartial des applications actuelles. « Le génie invente, l'expérience perfectionne. » Notre ambition doit se renfermer dans de modestes limites, et certes elle sera grandement satisfaite si nous parvenons à rendre cet ouvrage de quelque utilité.

De nos recherches ressortent naturellement les divisions suivantes :

Position. — Pente des mâts. — Inclinaison et rentrée du Beaubré.
Mâture des Navires de Guerre.
— *des Navires du Commerce.*
— *des Bateaux à Vapeur.*
— *des Embarcations.*
Plan de Voilure. — Point vélique. — Surfaces comparées.
Détails d'exécution.

Nous allons développer successivement ces divisions, en les accompagnant des tables qui s'y rapportent.

POSITION ET PENTE DES MATS, INCLINAISON ET RENTRÉE DU BEAUPRÉ

POSITION DES MATS.

Dans la troisième partie de notre *Traité d'Architecture Navale*, nous eûmes l'occasion d'étudier sérieusement la position des mâts, puisque cette détermination est indispensable pour le travail de la coque, pour la distribution régulière des écarts de quille et de carlingue. Nous ne pouvons mieux faire que de reproduire en entier le paragraphe concernant cette question essentielle.

En compulsant les auteurs qui se sont occupés de la mâture, on trouve quelques différences dans la fixation de l'emplanture des mâts. M. le capitaine de vaisseau Gicquel des Touches, dans son *Traité des Manœuvres Courantes et Dormantes*, ne s'accorde pas de tous points avec le *Traité de la Mâture* de Forfait, annoté par l'amiral Willaumez. Les recherches faites sur les constructions américaines par M. Marestier, ingénieur de la marine, constatent des anomalies fréquentes. Enfin, dans le *Réglement des Mâtures de la Flotte*, rien n'est arrêté sur la position des mâts.

Il est impossible, au surplus, d'assigner une limite invariable. Les rapports de la longueur à la largeur changent fréquemment. De nos jours, on semble vouloir donner aux trois-mâts du commerce une longueur plus grande, relativement à la largeur, et cette longueur est considérable pour les bateaux à vapeur. En outre, dans les bâtiments d'un moindre tonnage, dans les goëlettes de marche surtout, l'élancement exagéré de l'étrave doit faire rapprocher du milieu le mât de misaine plus que dans les bâtiments d'un élancement modéré. Placé trop de l'avant, ce mât fatigue et tend à plonger outre mesure les extrémités antérieures déjà surchargées du poids du beaupré.

Au résumé, en prenant pour point de départ les règles établies, en les conciliant autant que possible, on arrive à déterminer convenablement la position de la mâture, en dresser en conséquence la table suivante.

Nous croyons devoir insérer en même temps la liste de bâtiments anciens et modernes sur lesquels la position des mâts fut relevée et ramenée ensuite à des rapports avec la longueur de tête en tête.

Dans cette liste comme dans la table, les longueurs des bâtiments sont comptées à la hauteur du premier pont, pour les vaisseaux et frégates; à la hauteur du pont, pour les autres navires.

La largeur est prise au maître-couple, au fort, en dehors des membres.

Les positions indiquées se rapportent aux axes des mâts, et les distances partent de la rablure d'étrave.

LISTE DE BATIMENTS ANCIENS ET MODERNES

SUR LESQUELS LA POSITION DES MATS FUT RELEVÉE ET RAMENÉE ENSUITE A DES RAPPORTS AVEC LA LONGUEUR DES BATIMENTS.

NOMENCLATURE.	DIMENSIONS des BATIMENTS.		RAPPORTS		RAPPORTS AVEC LA LONGUEUR. DISTANCES A LA RABLURE D'ÉTRAVE.		
	Longueur au pont.	Largeur en dehors des memb.	de la long. à la largeur.	de la larg. à la longueur.	Mât de misaine.	grand mât.	mât d'artimon.
Navires de Guerre.							
VAISSEAUX	m	m					
de 120 canons	63,31	16,40	3,853	0,258	0,121	0,565	0,844
de 100	62,50	16,20	3,858	0,259	0,129	0,555	0,828
de 118, le *Montebello*	63,76	16,38	3,890	0,257	0,120	0,557	0,831
de 110, la *Bretagne*	60,40	16,24	3,720	0,268	0,118	0,555	0,847
de 86, l'*Algésiras*	59,28	15,20	3,892	0,256	0,126	0,576	0,831
de 80, l'*Auguste*	57,82	15,59	3,720	0,268	0,118	0,555	0,847
de 74, le *Téméraire*	55,87	14,45	3,865	0,240	0,118	0,552	0,812
de 74, le *Commerce-de-Lyon*	54,81	14,27	3,840	0,260	0,118	0,560	0,821
de 64, le *Sphinx*	49,18	13,32	3,692	0,270	0,125	0,541	0,847
espagnol, de 120	65,00	16,72	3,885	0,257	0,145	0,551	0,804
de 80	57,80	15,67	3,688	0,271	0,120	0,553	0,840
de 74	55,87	14,61	3,823	0,261	0,116	0,555	0,813
FRÉGATES							
de 60 canons	54,40	14,10	3,858	0,259	0,116	0,557	0,820
de 40, la *Pénélope*	50,50	12,40	4,072	0,247	0,136	0,540	0,805

Suite de la Liste de Bâtiments anciens et modernes, etc.

NOMENCLATURE.	DIMENSIONS des BATIMENTS.		RAPPORTS		RAPPORTS AVEC LA LONGUEUR. DISTANCES A LA RABLURE D'ÉTRAVE.		
	Longueur au pont.	Largeur en dehors des memb.	de la long. à la largeur.	de la larg. à la longueur.	Mât de misaine.	grand mât.	mât d'artimon.
Suite des Navires de Guerre.							
FRÉGATES	m	m					
de 24, la *Forte*	52,00	13,00	4,000	0,250	0,118	0,554	0,820
de 18, la *Méduse*	47,75	12,02	3,973	0,251	0,119	0,554	0,819
de 18, la *Terpsichore*	46,78	11,70	4,000	0,250	0,128	0,551	0,824
de 18, la *Minerve*	47,42	11,86	4,000	0,250	0,129	0,555	0,827
de 12, la *Calypso*	43,82	11,26	3,892	0,257	0,118	0,548	0,840
espagnole de 18	46,34	12,24	3,785	0,263	0,110	0,554	0,823
CORVETTES							
de 32	42,30	10,70	3,953	0,252	0,117	0,554	0,818
le *Vesuve*	35,73	9,74	3,666	0,275	0,120	0,502	0,725
la *Créole*	39,00	9,70	4,020	0,248	0,141	0,557	0,832
la *Naïade*	39,00	9,70	4,020	0,248	0,120	0,573	0,830
la *Diligente*	33,80	8,31	4,072	0,247	0,143	0,584	0,802
de charge	40,50	9,72	3,865	0,240	0,115	0,548	0,817
— la *Bravoure*	44,50	10,45	3,886	0,257	0,118	0,548	0,840
— le *Chameau*	33,00	8,50	3,882	0,257	0,132	0,550	0,834
— l'*Isère*	44,10	10,40	4,240	0,235	0,141	0,560	0,836
— la *Tampone*	36,32	8,10	4,484	0,223	0,116	0,451	0,859
— la *Fortune*	40,50	9,08	4,460	0,224	0,115	0,541	0,817
— l'*Éléphant*	39,47	10,08	3,915	0,255	0,131	0,549	0,819
BRICKS							
de 20	34,60	9,00	3,844	0,260	0,145	0,620	»
le *Diligent*	27,30	8,46	3,227	0,310	0,178	0,600	»
l'*Otello*	35,05	9,10	3,851	0,259	0,141	0,577	»
la *Bretonne*	27,74	7,47	3,044	0,328	0,150	0,658	»
le *Curieux*	29,24	8,45	3,460	0,288	0,155	0,633	»
le *Sylphe*	39,24	8,62	4,552	0,220	0,149	0,550	»
anglais le *Chien-de-Chasse*	26,47	8,78	3,014	0,327	0,242	0,558	»
espagnol	26,00	7,80	3,333	0,300	0,188	0,569	»
suivant Forfait	26,00	7,82	3,333	0,300	0,189	0,566	»
Navires du Commerce.							
TROIS-MATS							
la *Marie-Madeleine*	28,32	7,32	3,868	0,258	0,149	0,546	0,822
la *Sainte-Trinité*	41,65	8,80	4,733	0,211	0,171	0,563	0,812

Suite de la Liste de Bâtiments anciens et modernes, etc.

NOMENCLATURE.	DIMENSIONS des BATIMENTS.		RAPPORTS		RAPPORTS AVEC LA LONGUEUR. DISTANCES A LA RABLURE D'ÉTRAVE.		
	Longueur au pont.	Largeur en dehors des memb.	de la long. à la largeur.	de la larg. à la longueur	Mât de misaine.	grand mât.	mât d'artimon.
Suite des Navires du Commerce.							
TROIS-MATS	m	m					
le *Michel-Ange*............	40,50	8,80	4,600	0,217	0,192	0,557	0,818
le *Maréchal-de-Castries*.....	29,55	8,12	3,639	0,278	0,142	0,549	0,824
le *Négrier*...............	29,24	8,88	3,292	0,303	0,133	0,543	0,840
la *Caroline*..............	30,86	8,78	3,514	0,284	0,108	0,500	0,794
barque la *Marie-Angèle*..........	24,36	7,16	3,402	0,293	0,178	0,547	0,800
— le *Charles*..............	27,29	8,00	3,410	0,293	0,178	0,591	0,833
clipper le *Télégraphe*............	48,00	9,60	5,000	0,200	0,200	0,565	0,812
Golconde................	46,00	9,70	4,742	0,210	0,218	0,571	0,817
le *Péruvien*..............	44,00	10,32	4,276	0,232	0,197	0,596	0,857
barque la *Jeune-Pauline*..........	28,90	7,64	3,780	0,264	0,137	0,512	0,785
suivant Chapman.................	40,00	10,32	3,857	0,258	0,148	0,563	0,818
suivant Forfait..................	60,00	15,96	3,760	0,266	0,118	0,556	0,829
suivant Forfait..................	30,00	7,50	4,000	0,250	0,123	0,541	0,817
suivant Gicquel des Touches.......	36,00	8,02	3,663	0,273	0,130	0,550	0,820
BRICKS							
le *Courrier-du-Mexique*....	26,40	7,40	3,567	0,280	0,198	0,594	»
les *Amis*.................	24,20	7,17	3,375	0,292	0,197	0,598	»
corsaire l'*Aventure*..............	28,18	7,15	3,941	0,253	0,226	0,607	»
la *Camille*...............	22,09	6,50	3,883	0,298	0,200	0,600	»
l'*Adèle*..................	23,40	7,32	3,333	0,300	0,154	0,600	»
la *Louise*................	23,80	6,90	3,449	0,289	0,190	0,605	»
goëlette la *Pauline*...............	21,05	6,65	3,165	0,315	0,192	0,593	»
suivant Gicquel des Touches.......	30,00	8,20	3,663	0,273	0,200	0,610	»
suivant Forfait..................	17,84	4,70	3,795	0,258	0,214	0,599	»
GOELETTES-AVISOS							
l'*Iris*..................	24,44	6,40	3,820	0,261	0,179	0,578	»
l'*Amarante*..............	26,00	8,44	3,077	0,325	0,193	0,556	»
l'*Enfant-Prodigue*.........	26,46	6,82	3,879	0,257	0,184	0,561	»
l'*Agile*.................	25,00	6,50	3,846	0,260	0,162	0,500	»
le *Rapide*...............	18,52	5,12	3,617	0,276	0,163	0,562	»
l'*Autruche*..............	26,00	7,80	3,333	0,300	0,184	0,591	»
la *Rose*.................	21,00	5,80	3,620	0,279	0,218	0,618	»
la *Bayonnaise*............	20,40	6,34	3,217	0,310	0,180	0,602	»
la *Dorade*................	17,00	4,50	3,777	0,264	0,164	0,558	»

Suite de la Liste de Bâtiments anciens et modernes, etc.

NOMENCLATURE.	DIMENSIONS des BATIMENTS.		RAPPORTS		RAPPORTS AVEC LA LONGUEUR. DISTANCES A LA RABLURE D'ÉTRAVE.		
	Longueur au pont.	Largeur en dehors des memb.	de la long. à la largeur.	de la larg. à la longueur.	Mât de misaine.	grand mât.	mât d'artimon.
Suite des Navires du Commerce.							
GOELETTES-AVISOS	m	m					
américain le *Téméraire*............	23,63	6,20	3,806	0,262	0,217	0,587	»
espagnol la *Sevillana*............	25,34	7,00	3,620	0,279	0,205	0,615	»
suivant Forfait.................	14,60	3,50	4,171	0,240	0,148	0,584	»
GOELETTES-TRANSPORT							
l'*Églantine*..............	20,00	5,54	3,600	0,277	0,189	0,598	»
la *Bonne-Mère*..........	17,00	5,10	3,333	0,300	0,165	0,580	»
la *Tourterelle*..........	27,00	7,04	3,825	0,261	0,200	0,600	»
suivant Gicquel-des-Touches......	22,00	5,98	3,682	0,272	0,200	0,600	»
LOUGRES, CHASSE-MARÉES							
le *Pourvoyeur*..........	17,00	5,20	3,269	0,306	0,100	0,500	au couronnt
le *Saint-Émilion*..........	18,00	5,32	3,380	0,295	0,095	0,520	—
l'*Armande*..............	14,00	5,20	3,325	0,300	0,110	0,550	—
la *Sainte-Anne*..........	20,00	6,00	3,333	0,300	0,095	0,540	—
la *Bonne-Marie*..........	18,54	5,86	3,164	0,316	0,114	0,561	—
suivant Forfait.................	18,00	5,40	3,334	0,300	0,085	0,500	—
SLOOPS							
le *Breton*..............	13,00	4,33	3,025	0,333	»	0,330	»
le *Saint-Pierre*..........	14,30	5,65	2,531	0,395	»	0,368	»
le *Sauteur*..............	8,00	3,02	2,640	0,378	»	0,400	»
le *Solitaire*..............	18,00	6,00	3,000	0,333	»	0,340	»
suivant Forfait.................	14,27	5,68	2,512	0,398	»	0,369	»
suivant Forfait.................	9,73	3,68	2,642	0,379	»	0,429	»
suivant Gicquel des Touches......	16,00	5,92	2,703	0,370	»	0,375	»

TABLE DE LA POSITION DES MATS. — RAPPORTS EN NOMBRES ABSTRAITS.

NOMENCLATURE.	RAPPORTS		RAPPORTS AVEC LA LONGUEUR DES BATIMENTS. DISTANCES A LA RABLURE D'ÉTRAVE.		
	de la longr à la largeur.	de la largeur à la longueur.	Mât de misaine.	Grand mât.	Mât d'artimon.
TROIS-MATS					
de	3,571	0,280			
à	3,846	0,260	0,130	0,540	0,820
de	4,000	0,250			
à	4,348	0,230	0,155	0,550	0,825
de	4,545	0,220			
à	5,555	0,180	0,180	0,560	0,830
de	5,882	0,170			
à	7,152	0,140	0,220	0,570	0,840
BRICKS					
de	3,030	0,330			
à	3,571	0,280	0,180	0,600	»
de	3,846	0,260			
à	4,000	0,250	0,200	0,620	»
GOELETTES					
avisos, de	4,000	0,250			
à	4,545	0,220	0,220	0,600	»
transports, de	3,571	0,280			
à	3,846	0,260	0,200	0,600	»
CHASSE-MARÉES, LOUGRES					
de	2,941	0,340			
à	3,333	0,300	0,100	0,500	»
SLOOPS					
de	2,777	0,360			
à	3,571	0,280	»	0,370	»
EMBARCATIONS					
à 1 seul mât, de	2,777	0,360			
à	3,571	0,280	»	0,360	»
de	4,166	0,240			
à	5,555	0,180	»	0,400	»
à 1 mât de mis. et 1 mât de tapecul, de	3,333	0,300			
à	3,846	0,260	»	0,300	»
en lougre, de	3,030	0,330			
(le mât de tapecul, au tableau), à	3,571	0,280	0,100	0,560	»
— — — de	3,846	0,260			
— — — à	4,545	0,220	0,150	0,600	»

APPLICATIONS DE LA TABLE PRÉCÉDENTE.

NAVIRE A TROIS MATS.

Dimensions principales.

Longueur de rablure en rablure............................. 40^m00
Largeur au maître-couple, en dehors des membres.......... 8,40

Rapports de la longueur à la largeur.............. $\frac{40}{8,40} = 4,762$

— de la largeur à la longueur.............. $\frac{8,40}{40} = 0,210$

Le rapport 4,762 se trouve compris dans les chiffres 4,555 à 5,555 de la table. On a donc les facteurs suivants pour obtenir la distribution de la mâture dans la longueur du bâtiment :

Mât de misaine..................	0,180
Grand mât..................	0,560
Mât d'artimon..................	0,830

d'où :

Distances, du mât de misaine à l'étrave......	40^m00	× 0,180	= 7^m20
— du grand mât à l'étrave..........	»	× 0,560	= 22,40
— du mât d'artimon..............	»	× 0,830	= 33,20

GOELETTE-AVISO.

Dimensions principales.

Longueur de rablure en rablure.............	30^m
Largeur au maître, en dehors des membres....	7,50
Rapports de la longueur à la largeur..........	4,000

Facteurs correspondants :

Mât de misaine..............................	0,220
Grand mât..............................	0,600

d'où :

Distances, du mât de misaine à l'étrave.........	6^m60
— du grand mât à l'étrave............	18,00

PENTE DES MATS.

Généralement, à bord des vaisseaux, frégates et corvettes, les mâts sont *droits*, perpendiculaires. Ils s'inclinent vers l'arrière, de 0m06 à 0m08, par mètre, sur quelques corvettes. On remarque une inclinaison plus forte pour les corvettes à matereau, où la pente du mât d'artimon, surtout, est considérable.

On s'accorde à donner aux mâts des bâtiments du commerce les pentes que voici :

Mât de misaine	0m06 à 0m08	par mètre.
Grand mât	0,08 à 0,10	—
Mât d'artimon	0,10 à 0,12	—

Dans les bricks, la pente des mâts, nulle quelquefois, quelquefois aussi plus grande même que celle des trois-mâts, varie d'une manière remarquable. Tantôt les mâts sont parallèles, tantôt le grand mât s'incline beaucoup plus que le mât de misaine. Nulle règle à cet égard. Tout dépend de la volonté des capitaines. Cependant, il faut savoir se renfermer dans des limites convenables, et, selon nous, on ne doit pas trop s'écarter de la pente donnée à la mâture des trois-mâts.

Pour chasse-marées, lougres, bisquines, on paraît adopter les inclinaisons suivantes :

Mât de misaine	0m06	par mètre.
Grand mât	0,17	—
Mât de tapecul	0,20	—

La pente des mâts des goëlettes, des avisos ou goëlettes de marche principalement, varie de 0m12 à 0m24 par mètre, pour le grand mât et le mât de misaine.

Relativement aux goëlettes américaines, laissons parler M. Marestier, auteur d'un mémoire sur la marine des États-Unis.

« On remarquera que la largeur des grandes goëlettes est à peu près le quart (0,25) de la longueur, mais que le rapport de ces deux dimensions augmente en général, à mesure que les bâtiments deviennent plus petits. Pour les bateaux-pilotes il dépasse 0,31.

» L'élancement de l'étrave et la quête d'étambot de ces bâtiments sont toujours très-considérables. L'élancement varie de 0,4 à 0,8 du bau, la quête de 0,2 à 0,4, ou même davantage.

» L'élancement, rapporté à la longueur, en est les 0,1 ou les 0,2, mais il se rapproche plutôt du 0,2 que de 0,1. La quête est ordinairement égale au 10e environ de la longueur; quelquefois cependant elle est égale au 20e. On doit observer que lorsqu'on réduit l'élancement, on réduit presque toujours la quête.

» L'usage le plus commun est de placer le grand mât de 0m45 à 0m60, selon la longueur du bâtiment, en arrière du milieu de la rablure de la quille, et le mât de misaine, de 0m15 à 0m20, en arrière du point de réunion de la rablure de l'étrave à celle de la quille. La pente de ces mâts est de quinze centimètres par mètre; selon d'autres, elle va jusqu'à vingt-deux et demi. Le mât de misaine a souvent un ou deux centimètres de pente de moins que le grand mât. »

Il résulte des notes du savant et modeste ingénieur, qu'une goëlette américaine aurait les dimensions suivantes :

Longueur absolue	20m00
Largeur au maître	5,00
Creux sur quille	2,50
Élancement de l'étrave	4,00
Quête d'étambot	2,00

Distance, du mât de misaine à la rablure de l'étrave, au pont	4m20
— du grand mât au même point	11,50

Positions comparées à la longueur :

Mât de misaine	0,210
Grand mât	0,575

MAT DE BEAUPRÉ.

L'inclinaison du beaupré, autrefois considérable pour les vaisseaux et frégates, puisqu'elle s'élevait au delà de 0m60 par mètre, n'est guère aujourd'hui que de 0m45 à 0,50, pour les vaisseaux de premier rang; de 0m35 à 0m40, pour les frégates et corvettes. On la fixe de 0m30 à 0m35 par mètre, sur les trois-mâts et les bricks du commerce. A bord des goëlettes, la direction du beaupré fait le prolongement de la tonture.

Pour aider à la lecture des auteurs, aux comparaisons à établir de la pente des mâts, de l'inclinaison du beaupré, de celle des vergues, indiquées en degrés, en mesures anciennes, nous avons ramené dans les tables suivantes ces mesures aux fractions du mètre par mètre.

PENTE DES MATS EN POUCES PAR PIED, RÉDUITE EN MILLIMÈTRES PAR MÈTRE.

POUCES par pied.	MILLIMÈTRES par mètre.	POUCES par pied.	MILLIMÈTRES par mètre.	POUCES par pied.	MILLIMÈTRES par mètre.	POUCES par pied.	MILLIMÈTRES par mètre.
	m	pouces. lignes.	m	pouces. lignes.	m	pouces. lignes.	m
3 lignes.	0,0208	2 3	0,188	4 3	0,354	6 3	0,521
6 lignes.	0,0416	2 6	0,208	4 6	0,375	6 6	0,542
9 lignes.	0,0625	2 9	0,229	4 9	0,396	6 9	0,562
1 pouce.	0,0833	3 0	0,250	5 0	0,416	7 0	0,583
1 pouce 3 lig.	0,104	3 3	0,271	5 3	0,437	7 3	0,605
1 6	0,125	3 6	0,292	5 6	0,458	7 6	0,625
1 9	0,146	3 9	0,312	5 9	0,479	7 9	0,646
2 0	0,167	4 0	0,333	6 0	0,500	8 0	0,667

INCLINAISON DU BEAUPRÉ,

APIQUAGE DES CORNES ET VERGUES, EN DEGRÉS, RÉDUITS EN MILLIMÈTRES PAR MÈTRE.

DEGRÉS.	MILLIMÈTRES par mètre.	DEGRÉS.	MILLIMÈTRES par mètre.	DEGRÉS.	MILLIMÈTRES par mètre.	DEGRÉS.	MILLIMÈTRES par mètre.
o	m	o	m	o	m	o	m
1	0,020	9	0,160	17	0,309	25	0,470
2	0,039	10	0,179	18	0,329	30	0,580
3	0,052	11	0,196	19	0,348	35	0,700
4	0,070	12	0,214	20	0,367	40	0,829
5	0,090	13	0,232	21	0,385	45	1,000
6	0,106	14	0,252	22	0,409		»
7	0,125	15	0,270	23	0,429		»
8	0,141	16	0,290	24	0,450		»

DIMENSIONS DE LA MATURE.

Considérations générales.

Presque tous les auteurs qui se sont occupés de mâture ont proportionné la hauteur des mâts à la largeur du bâtiment, la longueur des vergues, à sa longueur. On trouve à cet égard, dans le *Traité de Mâture* de Forfait, page 23 de l'introduction, les considérations suivantes :

« La résistance qu'un navire oppose aux forces qui tendent à l'incliner, s'appelle *stabilité*; elle dépend de la forme du navire et de la distribution des poids qui composent sa charge. Les géomètres ont reconnu que l'élément qui contribue le plus efficacement à l'augmenter, est la grandeur de la coupe du navire faite à fleur d'eau; c'est ce qui a donné lieu à la règle qu'on suit à peu près dans la marine, de proportionner l'étendue des voiles à celle du *plan de flottaison*. Cette règle n'est pas exacte, parce que dans l'effort de la voilure il entre une constante (la force du vent); en s'y conformant, on fera les voilures des gros vaisseaux trop petites et celles des petits bâtiments trop grandes; mais les gros vaisseaux étant ordinairement plus chargés en bricole par leur artillerie, il s'établit une espèce de compensation.

» Le manœuvrier ne peut pas augmenter la stabilité du navire; mais il est le maître de diminuer la force inclinante. Il suffit pour cela de baisser le centre de voilure, ou de diminuer l'étendue des voiles déployées; par ces procédés on raccourcit le bras du levier auquel est appliquée la force qui tend à faire pencher le vaisseau ou bien on diminue l'intensité de cette force.

» L'élévation du centre de voilure doit donc, dans tous les vaisseaux, être proportionnée à leur stabilité; or, cette élévation dépend de la hauteur des mâts, d'où résulte la chute des voiles; de là vient la règle de proportionner la hauteur des mâts à la plus grande largeur du navire, et pour que l'étendue des voiles soit relative à celle du plan de flottaison, *suivant la règle imparfaite*, mais admise par l'usage, il ne reste plus qu'à proportionner les voiles ou la longueur des vergues à la longueur du vaisseau. Il existe encore un autre motif pour adopter cette loi, c'est que, plus un bâtiment est long, plus il offre de facilité pour manœuvrer des voiles larges. »

Nous aurons à examiner plus tard la position du centre de voilure, position incertaine, variable, surtout pour les bâtiments du commerce, dont les cargaisons diffèrent continuellement en arrimage, en pesanteur spécifique. Des réflexions importantes sont consignées à ce sujet dans le *Traité de la Construction des Vaisseaux* du célèbre Chapman, pages 53 et 96; nous y renvoyons le lecteur.

Quant à nous, s'il nous était donné d'émettre un avis, nous ne voyons pas trop pourquoi la longueur des vergues ne serait pas proportionnée à la largeur des bâtiments. La stabilité, on le sait, est en raison de la largeur ou du cube des ordonnées de la flottaison en charge; il nous paraît donc que la surface des voiles, par conséquent la longueur des vergues, doive se rapporter à la largeur des bâtiments.

Au surplus, cette méthode simple, uniforme, suivie par F. Bouguer, dans son

Traité du Navire, déjà adoptée par un grand nombre de constructeurs et de marins, devient celle de nos tables sans qu'il puisse en résulter le moindre inconvénient, le moindre changement dans les dimensions généralement admises.

En effet, négligeant une théorie douteuse, peu connue des hommes pratiques, nous avons simplement analysé, comparé les mâtures estimées. Nous avons ramené à des rapports avec la largeur des bâtiments la hauteur des mâts et la longueur des vergues. Quant au diamètre, au ton, au bout, à la flèche, nous continuons à les rapporter aux longueurs respectives de chaque espar. C'est ainsi que nous avons dressé nos tables de mâture.

La largeur du bâtiment est *toujours* prise dans les tables, au maître-couple, au fort, en *dehors des membres*. Cette mesure est constante; elle sert à faire le plan du bâtiment, à le tracer à la salle, à le construire, tandis que les bordages qui le recouvrent peuvent varier dans leur épaisseur.

Il est une considération importante qu'il ne faut pas négliger en consultant les tables. Nous avons supposé que le *creux* du bâtiment se trouvait établi d'après les usages reçus; que sa profondeur sur quille au pont peut varier de 0,50 à 60 de la largeur; que l'on pourrait augmenter la hauteur du mât, au cas d'une augmentation de creux au delà de ces limites; mais que l'on doit surtout la diminuer, dans le cas contraire.

MATURE DES NAVIRES DE GUERRE.

De nos jours, les dimensions à donner aux mâtures de la flotte se trouvent pleinement résolues, d'une manière avantageuse, par le réglement du 27 avril 1854.

Antérieurement, en 1835, un tableau fut dressé des proportions de la mâture; puis, en 1849, une décision ministérielle chargea une commission spéciale de reviser ce tableau. Le travail de la commission n'obtint pas de tous points l'approbation du Ministre; cependant quelques applications de ce travail furent prescrites dans les arsenaux maritimes; les résultats se trouvèrent avantageux.

Le 10 septembre 1852, parut un réglement établi sur des bases toutes nouvelles. Les mâtures de la flotte furent classées en jeux gradués, applicables à tous les bâtiments, au moyen de séries correspondantes. On put obtenir de la sorte uniformité, économie dans le service. Quelques détails sur le tracé, le travail des espars et des accessoires furent annexés à ce réglement, modifié dans quelques points, actuellement au complet par l'addition des feuilles d'échantillons des pièces d'assemblages au rég'ement de 1854.

C'est ce dernier travail que nous allons reproduire en partie, nous réservant de le comparer aux méthodes antérieures, d'en expliquer la marche et de déduire, pour quelques applications, les rapports comparés à la largeur des bâtiments, conséquemment à la règle que nous avons adoptée.

NOTE EXPLICATIVE DU RÉGLEMENT DES MATURES.

Les cinq tableaux qui suivent comprennent tous les espars qui composent les mâtures de a flotte carrée à voiles.

Les uns sont particuliers à chaque classe de mâture; ils sont donnés par le tableau N° 1 et par la première partie du tableau N° 4.

Les autres sont groupés par séries ou *jeux gradués*, dont chacun a plusieurs usages et peut passer d'un navire sur un autre, suivant la destination particulière qu'il y reçoit.

Les *jeux gradués*, donnés par les tableaux N°s 2 et 3, sont complétés, dans ce qui touche aux bonnettes, par la seconde partie du tableau N° 4.

Un cinquième tableau, à double entrée, fait connaître les numéros des jeux gradués qui forment la mâture haute de chaque espèce ou rang de nos navires, et, subsidiairement, à combien d'usages différents un même jeu gradué peut être employé.

La classification des bâtiments pour la mâture à leur affecter, classification à laquelle les tableaux N° 1, N° 4 (1re partie) et N° 5 se rapportent, est la suivante :

VAISSEAUX A TROIS PONTS.

(UNE SEULE CLASSE DE MATURE POUR TOUS LES MODÈLES, ANCIENS ET NOUVEAUX.)

VAISSEAUX A DEUX PONTS.

(QUATRE CLASSES DE MATURE.)

La première, applicable aux vaisseaux dits de 100 canons et 3 ponts rasés (*Iéna, Tage, Jemmapes,* etc.).

La deuxième, applicable aux vaisseaux dits de 90 (*Suffren, Inflexible, Fleurus, Tourville* [à hélice, anciens 100 transformés], etc.).

La troisième, applicable aux vaisseaux de 86, ancien modèle dit de 80 (*Jupiter, Diadème, Arcole, Jean-Bart* [à hélice, ancien 90 transformé], etc.).

La quatrième, applicable aux vaisseaux dits de 74, anciens et nouveaux (*Alger, Duperré, Ville-de-Marseille,* etc.).

FRÉGATES.

(QUATRE CLASSES DE MATURE.)

La première, applicable aux frégates dites de 60 (*Iphigénie, Forte, Guerrière,* etc.).

La deuxième, applicable aux frégates dites de 52 et de 50 (*Alceste, Calypso, Danaé, Thémis,* etc.).

La troisième, applicable aux frégates des nouveaux modèle, dites de 40 (*Psyché, Héliopolis, Jeanne-d'Arc, Algérie,* etc.).

La quatrième, applicable aux frégates d'ancien modèle, dites de 44 (*Thétis, Armide, Pomone* [à hélice], etc.).

CORVETTES.

(SEPT CLASSES DE MATURE.)

La première, applicable aux corvettes de nouveau modèle à batterie couverte, dites de 30 (*Thisbé, Galathée, Favorite, Capricieuse*, etc.).

La deuxième, applicable aux corvettes de charge à batterie couverte, dites gabares de 800 tonneaux (*Fortune, Oise, Abondance*, etc.).

La troisième, applicable aux corvettes d'ancien modèle à batterie couverte, dites de 32 (*Sapho, Embuscade, Sabine*, etc.).

La quatrième, applicable aux corvettes à batterie barbette, dites de 24 (*Créole, Danaïde, Triomphante*, etc.).

La cinquième, applicable aux corvettes de charge à batterie barbette, dites gabares de 600 et 500 tonneaux (*Perdrix, Provençale*, etc.).

La sixième, applicable aux corvettes-avisos à mâtereau (*Diligente, Perle*, etc.).

La septième, applicable aux corvettes de charge à batterie barbette, dites gabares-écuries (*Expéditive, Indienne, Sarcelle, Zélée* [à hélice], etc.).

BRICKS.

(QUATRE CLASSES DE MATURE.)

La première, applicable aux bricks du premier rang (*Cygne, Palinure, Entreprenant, Beaumanoir*, etc.).

La deuxième, applicable aux bricks-avisos de nouveau modèle (*Agile, Léger*, etc.).

La troisième, applicable aux bricks-avisos d'ancien modèle, type américain (*Sylphe, Volage*, etc.).

La quatrième, applicable aux canonnières-bricks (*Alsacienne, Malouine, Vigie*, etc.).

EXEMPLES :

Soit demandée la mâture de la *Thémis* (mâture de 2e classe pour les frégates).

FARE DU GRAND MAT.

Le tableau N° 1 (ligne 2e des frégates) donne le grand bas mât et la corne de grande voile goëlette.

Le tableau N° 5, entrée verticale (colonne 2e des frégates), montre que la mâture haute du grand mât (lettre G) sera fournie par le jeu gradué N° 5, et permet dès lors d'aborder les tableaux 2, 3 et 4 (2e partie).

Le tableau N° 2 (ligne 5e) donne le grand mât de hune, le grand mât de perroquet, la grande vergue, la vergue du grand hunier, la vergue du grand perroquet, la vergue du grand cacatois.

Le tableau N° 3 (ligne 5e, comme le précédent) donnera la grande hune, les barres traversières, les deux chouquets, les barres du grand perroquet.

Enfin, le tableau N° 4 (2e partie, ligne 5e) donnera les vergues et bouts-dehors de bonnettes de grand hunier et de grand perroquet.

FARE DE MISAINE.

Le tableau N° 2 (ligne 2e des frégates) donnera le mât de misaine et la corne de goëlette de misaine.

Le tableau N° 4 (1re partie, ligne 2e des frégates) donnera les tangons, les vergues de bonnettes basses (grande et petite) et enfin les vergues *inférieures* de bonnette basse, s'il en est demandé.

Le tableau N° 5, entrée verticale (colonne 2e des frégates) montre que la mâture haute du fare de misaine (lettre M) sera fournie par le jeu N° 8, et permet d'aborder les tableaux 2, 3 et 4 (2e partie).

Le tableau N° 2 (ligne 8e) donne le petit mât de hune, le petit mât de perroquet, la vergue de misaine, la vergue du petit hunier, la vergue du petit perroquet et celle du petit cacatois.

Le tableau N° 3 (ligne 8e, comme le précédent) donne la hune de misaine, les barres traversières, les deux chouquets et les barres de petit perroquet.

Le tableau N° 4 (2e partie, légende) montrera que la vergue de bonnette du petit hunier *du grand jeu* sera la même que celles que la ligne 5e du même tableau a déjà données pour vergues de bonnettes du grand hunier. La vergue de bonnette du petit hunier *du petit jeu*, les deux vergues de bonnettes de petit perroquet, les bouts-dehors de misaine et de petit hunier seront donnés par la ligne 8e.

FARE D'ARTIMON.

Le mât d'artimon sera donné par le tableau N° 1, comme les précédents, avec le gui et la corne de brigantine.

Le tableau N° 5 montre que le fare d'artimon (lettre A) sera fourni par le jeu gradué N° 12, qui sera pris sans bonnettes et fourni par les tableaux 2 et 3.

BEAUPRÉ.

Le tableau N° 1 donne le beaupré, les bouts-dehors de foc, la martingale, les arcs-boutants de bout-dehors.

Soit encore demandée la mâture du *Sylphe* (brick-aviso dit Marestier).

Les mâts et vergues se trouveront exactement de la même manière; restent les bonnettes, qui, pour les bricks, ne sont pas obtenues comme pour les trois-mâts.

BONNETTES DU GRAND MAT.

Le tableau N° 5 montre que la mâture haute du grand mât sera fournie par le jeu gradué N° 16.

Le tableau N° 4 (2e partie, ligne 16e) donnera les bouts-dehors de grande vergue et de la vergue du grand hunier, les vergues de bonnettes du grand hunier et du grand perroquet, dont les deux jeux sont de mêmes dimensions.

BONNETTES DU MAT DE MISAINE.

Le tableau N° 4 (1re partie) donnera les tangons et les vergues de bonnettes basses (grande et petite) comme dans l'exemple précédent.

Le même tableau N° 4 (légende de la 2e partie) montre que les deux bonnettes du petit perroquet (qui sont de même dimension) seront *égales à celles du grand perroquet;* ces dernières sont celles du jeu N° 16. Il en sera donc pris deux autres pour les bonnettes du petit perroquet.

La vergue de la *petite bonnette du petit hunier* sera pareille à celles des bonnettes du grand hunier; ce sera donc encore une vergue de bonnette de hune N° 16.

Enfin, la vergue de la grande bonnette du petit hunier sera de deux numéros supérieure, et par conséquent, sera du N° 14 des vergues de bonnettes de hune.

Les bouts-dehors des vergues de misaine et de petit hunier seront ceux du jeu employé; le tableau N° 5 montre que ce jeu est celui du N° 18.

TABLEAU N° 1,

DONNANT PAR RANG DE BATIMENTS LES BAS MATS, BEAUPRÉS, BATONS DE FOCS, CORNES ET GUIS DE BRIGANTINE, CORNES DE VOILES GOELETTES, ARCS-BOUTANTS DE BEAUPRÉ, ARCS-BOUTANTS DE MARTINGALE.

CLASSEMENT DES MATURES.	GRANDS MATS.			MATS DE MISAINE.			MATS D'ARTIMON (B)			BEAUPRÉS.		BATONS DE GRAND FOC (C) et (D).		CORNES DE BRIGANTINE.		GUIS DE BRIGANTINE.		CORNES DE GRANDE VOILE goëlette.		CORNES DE MISAINE goëlette.		ARCS-BOUTANTS DE BEAUPRÉ (E) et (G).		ARCS-BOUTANTS DE MARTINGALE (E) et (G).	
	Longueur du pont au-dessus des jottereaux.	Ton (A).	Diamètre au fort.	Longueur du pont au-dessus des jottereaux.	Ton (A).	Diamètre au fort.	Longueur du pont au-dessus des jottereaux.	Ton (A).	Diamètre au fort.	Longueur en dehors de l'étrave.	Diamètre au fort.	Saillie en dehors du chouquet (C).	Diamètre au fort.	Longueur totale, moins le bout.	Diamètre au fort.	Longueur totale, moins le bout.	Diamètre au fort.	Longueur totale, moins le bout.	Diamètre au fort.	Longueur totale, moins le bout.	Diamètre au fort.	Longueur totale.	Diamètre au fort.	Longueur totale.	Diamètre au fort.
	m	m	m	m	m	m	m	m	m	m	m	m	m	m	m	m	m	m	m	m	m	m	m	m	m
Vaisseaux à 3 ponts	19,50	6,43	1,06	17,10	5,69	1,03	14,80	4,78	0,71	16,00	1,0	10,80	0,43	15,60	0,30	22,00	0,43	8,50	0,18	9,50	0,195	7,20	0,26	7,20	0,26
Vaisseaux à 2 ponts. 1re classe	20,40	6,43	1,05	18,60	5,69	1,01	15,70	4,78	0,70	16,10	1,0	10,80	0,43	15,60	0,30	22,00	0,43	8,50	0,18	9,50	0,195	7,20	0,26	7,20	0,26
2e classe	20,18	6,21	1,03	18,38	5,48	1,00	15,40	4,57	0,69	15,50	1,0	10,13	0,42	15,20	0,29	21,50	0,425	8,50	0,18	9,50	0,195	6,80	0,24	6,80	0,24
3e classe	19,00	5,90	0,99	17,00	5,21	0,93	14,30	4,34	0,65	14,80	0,9	9,95	0,41	14,60	0,28	20,50	0,410	7,50	0,165	8,50	0,180	6,70	0,24	6,70	0,24
4e classe	18,60	5,69	0,96	16,80	5,00	0,90	13,80	4,22	0,64	13,90	0,9	9,60	0,40	13,71	0,265	19,50	0,395	7,50	0,165	8,50	0,180	6,40	0,23	6,40	0,23
Frégates. 1re classe	19,70	5,69	0,95	18,20	5,00	0,90	16,61	4,22	0,62	13,90	0,9	9,60	0,400	13,71	0,265	19,50	0,395	7,50	0,165	8,50	0,180	6,40	0,23	6,40	0,23
2e classe	19,00	5,48	0,92	17,00	4,78	0,85	15,60	4,04	0,60	13,40	0,8	9,26	0,383	13,20	0,255	19,00	0,385	7,50	0,165	8,50	0,180	6,17	0,22	6,17	0,22
3e classe	17,50	5,21	0,85	15,50	4,57	0,78	14,60	3,87	0,56	12,70	0,7	8,84	0,365	12,30	0,245	17,70	0,365	6,50	0,155	7,50	0,165	5,89	0,21	5,89	0,21
4e classe	17,20	5,00	0,79	15,00	4,34	0,73	14,00	3,70	0,52	12,20	0,7	8,53	0,350	11,80	0,235	16,80	0,345	6,50	0,155	7,50	0,165	5,69	0,20	5,69	0,20
Corvettes. 1re classe	16,40	4,57	0,76	14,42	4,04	0,69	13,60	3,44	0,51	11,70	0,7	8,23	0,335	11,50	0,230	16,40	0,335	6,50	0,155	7,50	0,165	5,49	0,195	5,49	0,195
2e classe	15,63	4,34	0,71	14,00	3,87	0,67	13,00	3,26	0,48	11,00	0,6	7,60	0,305	10,36	0,210	14,80	0,305	6,50	0,155	7,50	0,165	5,06	0,180	5,06	0,180
3e classe	15,40	4,22	0,70	13,80	3,70	0,60	12,70	3,15	0,47	10,36	0,6	7,33	0,290	9,80	0,200	14,00	0,290	6,50	0,155	7,50	0,165	4,89	0,175	4,89	0,175
4e classe	15,40	4,22	0,64	13,80	3,70	0,61	12,70	3,15	0,42	9,75	0,6	7,00	0,280	9,40	0,195	13,50	0,280	6,50	0,155	7,50	0,165	4,66	0,170	4,66	0,170
5e classe (gabares à mâtereau)	14,10	3,87	0,63	12,30	3,44	0,59	13,00	3,35	0,40	9,75	0,6	7,00	0,280	9,00	0,190	13,50	0,280	6,50	0,155	6,50	0,155	4,66	0,170	4,66	0,170
6e classe (corvettes à mâtereau)	13,60	3,70	0,56	12,30	3,44	0,54	13,00	3,35	0,40	8,40	0,5	6,13	0,250	8,00	0,170	11,60	0,240	5,50	0,140	6,50	0,155	4,09	0,150	4,09	0,150
7e classe (corvettes à mâtereau)	13,00	3,70	0,56	11,40	3,26	0,53	12,70	2,90	0,40	8,80	0,5	6,66	0,265	8,00	0,170	11,60	0,240	5,50	0,140	6,50	0,155	4,44	0,160	4,44	0,160
Bricks. 1re classe	14,47	3,87	0,59	13,26	3,57	0,58	»	»	»	8,80	0,5	6,66	0,265	11,80	0,235	17,70	0,365	»	»	6,50	0,155	4,44	0,160	4,44	0,160
2e classe	13,40	3,57	0,55	12,40	3,26	0,54	»	»	»	8,00	0,5	5,93	0,245	11,50	0,230	16,80	0,345	»	»	6,00	0,145	3,95	0,140	3,95	0,140
3e classe	13,40	3,44	0,54	12,20	3,15	0,53	»	»	»	7,00	0,5	5,66	0,235	10,36	0,210	14,80	0,305	»	»	6,00	0,145	3,77	0,135	3,77	0,135
4e classe	12,60	3,26	0,50	11,60	3,04	0,49	»	»	»	7,00	0,5	5,66	0,235	9,00	0,190	14,00	0,305	»	»	5,50	0,140	3,77	0,135	3,77	0,135

(A) Les longueurs des tons sont comptées à partir *du trait supérieur des jottereaux*; elles sont uniformément égales aux 28/100 (0,28) *de la longueur totale du mât de hune* attribuée à chaque bas mât par le tableau N° 5. En cas de changements *définitifs* de jeux ou de mâtures, ce rapport serait conservé.

(B) Les longueurs des mâts d'artimon sont comptées à partir du pont *de la dunette* sur les *vaisseaux*, à partir du pont des gaillards sur les frégates et corvettes.

(C) La longueur intérieure du bâton de grand foc est égale à la moitié de la saillie du beaupré telle qu'elle est donnée au présent tableau.

(D) La flèche du clin-foc saille en dehors du bâton de grand foc d'une quantité égale aux 6/10 (0,60) de la saillie de celui-ci, qui est *seule* portée au présent tableau. Quand il y a un bout-dehors de clin-foc distinct du bâton de grand foc, la saillie de clin-foc est la *même*, et l'espar s'appuie par son talon au chouquet de beaupré.

(E) Le *bout* qu'on laisse à ces espars doit être pris sur ces longueurs.

(G) Les arcs-boutants de martingale et de beaupré sont les 67/100 (0,67) de la saillie du bâton de grand foc, et quand celui-ci est changé, ceux-là le sont en même temps. Le rapport de la longueur au diamètre 0,036 est donné pour bois des Florides. Si l'on employait du chêne, il faudrait remplacer 0,036 par 0,032. On a fait deux colonnes différentes pour ces pièces, malgré l'identité de leurs dimensions principales, à cause de leurs différences de construction.

TABLEAU N° 2,

DONNANT LE MAT DE HUNE, LE MAT DE PERROQUET ET LES QUATRE VERGUES (BASSE, DE HUNE, DE PERROQUET ET DE CACATOIS) DONT SE COMPOSE CHACUN DES VINGT JEUX GRADUÉS DE MATURE HAUTE.

NUMÉROS DES JEUX GRADUÉS.	MATS DE HUNE.			MATS DE PERROQUET (A).			BASSES VERGUES (B).			VERGUES DE HUNE (B).			VERGUES DE PERROQUET.			VERGUES DE CACATOIS.		
	LONGUEUR TOTALE.	LONGUEUR DU TON.	DIAMÈTRE.	LONGUEUR DU MAT de la clef au capelage.	DIAMÈTRE.	LONGUEUR de la flèche.	LONGUEUR TOTALE, y compris les bouts.	LONGUEUR de chaque bout.	DIAMÈTRE.	LONGUEUR TOTALE, y compris les bouts.	LONGUEUR de chaque bout.	DIAMÈTRE.	LONGUEUR TOTALE, y compris les bouts.	LONGUEUR de chaque bout.	DIAMÈTRE.	LONGUEUR TOTALE, y compris les bouts.	LONGUEUR de chaque bout.	DIAMÈTRE.
	m	m	m	m	m	m	m	m	m	m	m	m	m	m	m	m	m	m
1	22,96	3,07	0,570	10,15	0,335	6,75	34,10	1,46	0,710	23,96	2,00	0,445	15,07	0,61	0,265	10,45	0,43	0,170
2	22,10	2,93	0,560	9,71	0,320	6,47	32,40	1,33	0,680	22,57	1,91	0,420	14,20	0,59	0,250	10,02	0,41	0,165
3	21,09	2,78	0,545	9,37	0,310	6,30	30,87	1,28	0,655	21,78	1,82	0,410	13,82	0,59	0,240	9,67	0,41	0,160
4	20,33	2,66	0,535	8,98	0,295	6,06	29,40	1,23	0,625	20,87	1,74	0,395	13,28	0,56	0,230	9,36	0,38	0,155
5	19,57	2,55	0,520	8,60	0,285	5,83	27,93	1,17	0,590	19,97	1,66	0,380	12,74	0,53	0,220	9,05	0,38	0,150
6	18,62	2,45	0,495	8,29	0,270	5,53	26,59	1,12	0,560	19,08	1,58	0,365	12,30	0,51	0,210	8,76	0,36	0,145
7	17,86	2,35	0,475	7,92	0,260	5,33	25,13	1,06	0,525	17,98	1,49	0,345	11,58	0,48	0,200	8,38	0,36	0,140
8	17,09	2,28	0,455	7,62	0,250	5,18	23,90	1,01	0,500	17,22	1,42	0,335	11,12	0,46	0,190	8,07	0,33	0,135
9	16,32	2,15	0,435	7,31	0,240	5,03	22,69	0,96	0,470	16,46	1,36	0,315	10,66	0,46	0,185	7,76	0,33	0,130
10	15,50	2,04	0,405	7,08	0,230	4,83	21,40	0,90	0,440	15,49	1,28	0,295	10,10	0,43	0,175	7,39	0,30	0,127
11	15,07	1,98	0,395	6,85	0,220	4,57	20,56	0,85	0,420	14,93	1,24	0,285	9,75	0,41	0,170	7,16	0,30	0,125
12	14,44	1,90	0,375	6,54	0,210	4,42	19,51	0,81	0,400	14,32	1,19	0,275	9,44	0,41	0,165	7,01	0,28	0,120
13	13,83	1,83	0,355	6,39	0,205	4,27	18,60	0,78	0,380	13,71	1,14	0,265	8,98	0,38	0,160	6,70	0,28	0,116
14	13,21	1,75	0,335	6,09	0,195	4,11	17,68	0,74	0,360	13,11	1,09	0,255	8,68	0,35	0,155	6,39	0,25	0,112
15	12,75	1,67	0,325	5,93	0,190	3,96	16,76	0,71	0,340	12,49	1,04	0,245	8,23	0,35	0,150	6,24	0,25	0,110
16	12,28	1,62	0,305	5,63	0,180	3,81	16,00	0,68	0,325	11,88	0,99	0,235	7,92	0,33	0,145	5,93	0,25	0,105
17	11,66	1,54	0,290	5,48	0,175	3,81	15,20	0,63	0,315	11,42	0,94	0,225	7,62	0,33	0,142	5,79	0,23	0,102
18	11,27	1,47	0,280	5,21	0,170	3,68	14,55	0,61	0,300	11,03	0,91	0,215	7,35	0,33	0,138	5,51	0,23	0,100
19	10,85	1,43	0,270	5,07	0,165	3,54	13,86	0,59	0,285	10,62	0,86	0,210	7,09	0,31	0,134	5,39	0,23	0,098
20	10,28	1,36	0,255	4,88	0,160	3,35	13,11	0,56	0,270	10,06	0,83	0,200	6,70	0,28	0,130	5,18	0,20	0,097

(A) La contre-flèche ou bout pour pommes, et la longueur de caisse inférieure au trou de la clef, toutes deux égales aux 125/100 (1,25) du diamètre.

(B) Le règlement admet des lattes pour les vergues basses et de hune. Les tracés de détail en donneront les dimensions.

TABLEAU N° 3,

DONNANT LA HUNE, LES BARRES TRAVERSIÈRES DE HUNE, LES CHOUQUETS (A) DE BAS MATS, LES ÉLONGIS DE MATS DE HUNE ET BARRES DE PERROQUET, LES CHOUQUETS DE HUNE, QUI DOIVENT S'EMPLOYER AVEC CHACUN DES JEUX GRADUÉS DE MATURE HAUTE ÉTABLIS PAR LE TABLEAU N° 2.

NUMÉROS DES JEUX GRADUÉS.	PIÈCES DESTINÉES AUX BAS MATS. HUNES. Longueur.	Largeur en arrière.	Dimensions du trou du chat. Longueur.	Dimensions du trou du chat. Largeur.	Massif avant du trou du chat, y compris la barre traversière.	BARRES TRAVERSIÈRES. Largeur horizontale.	Épaisseur verticale.	CHOUQUETS PAREILS, quel que soit le bas mât. Longueur.	Largeur.	Épaisseur.	PLAQUES EN TÔLE pour chouquets de bas mâts. Plus grande ouverture des plaques.	Épaisseur des tôles.	PIÈCES DESTINÉES AUX MATS DE HUNE. ÉLONGIS DES BARRES. Longueur d'avant en arrière.	Profondeur.	Épaisseur.	BARRES DE PERROQUET. La longueur de la barre avant est réglée par la condition qu'elle se termine au croissant qui fait le tour des barres.	Longueur de la barre arrière.	Largeur et épaisseur de la barre arrière.	Largeur et épaisseur de la barre avant.	CHOUQUETS DE HUNE. Longueur.	Largeur.	Épaisseur.
	m	m	m	m	m	m	m	m	m	m	m	m	m	m	m		m	m	m	m	m	m
1	4,69	7,45	2,60	3,13	1,17	0,358	0,245	1,97	1,00	0,[illegible]	1,545	0,011	1,62	0,262	0,157	»	5,63	0,180	0,128	1,02	0,57	0,23
2	4,52	7,17	2,50	3,01	1,13	0,339	0,224	1,95	0,98	0,[illegible]	1,533	0,011	1,57	0,257	0,154	»	5,40	0,173	0,125	1,00	0,56	0,22
3	4,30	6,84	2,39	2,87	1,06	0,332	0,217	1,93	0,96	0,[illegible]	1,525	0,011	1,53	0,256	0,153	»	5,22	0,168	0,120	0,97	0,545	0,22
4	4,14	6,58	2,30	2,82	1,03	0,320	0,211	1,91	0,94	0,[illegible]	1,505	0,010	1,49	0,251	0,150	»	5,05	0,164	0,115	0,95	0,535	0,21
5	4,00	6,34	2,22	2,72	0,98	0,306	0,205	1,87	0,91	0,[illegible]	1,480	0,010	1,45	0,244	0,146	»	4,84	0,160	0,110	0,93	0,520	0,21
6	3,80	6,03	2,11	2,59	0,94	0,294	0,198	1,79	0,87	0,[illegible]	1,430	0,010	1,40	0,237	0,142	»	4,67	0,156	0,105	0,89	0,495	0,20
7	3,64	5,78	2,02	2,54	0,91	0,282	0,186	1,72	0,83	0,[illegible]	1,370	0,009	1,36	0,228	0,136	»	4,49	0,152	0,100	0,86	0,475	0,19
8	3,48	5,53	1,93	2,43	0,86	0,267	0,178	1,64	0,80	0,[illegible]	1,300	0,009	1,32	0,218	0,130	»	4,27	0,148	0,100	0,83	0,455	0,18
9	3,32	5,28	1,84	2,32	0,81	0,261	0,172	1,54	0,76	0,[illegible]	1,210	0,009	1,27	0,213	0,127	»	4,11	0,144	0,095	0,79	0,435	0,18
10	3,16	5,02	1,75	2,25	0,78	0,246	0,164	1,48	0,71	0,[illegible]	1,145	0,008	1,23	0,198	0,118	»	3,93	0,140	0,095	0,76	0,405	0,17
11	3,06	4,87	1,70	2,19	0,75	0,242	0,159	1,43	0,69	0,[illegible]	1,120	0,008	1,19	0,193	0,115	»	3,80	0,136	0,090	0,73	0,395	0,16
12	2,94	4,67	1,63	2,10	0,72	0,232	0,154	1,40	0,66	0,[illegible]	1,080	0,008	1,15	0,187	0,112	»	3,71	0,132	0,090	0,69	0,375	0,15
13	2,82	4,47	1,56	2,05	0,69	0,215	0,146	1,34	0,62	0,[illegible]	1,030	0,007	1,12	0,177	0,106	»	3,52	0,128	0,085	0,66	0,355	0,15
14	2,69	4,27	1,49	1,96	0,66	0,209	0,139	1,26	0,59	0,[illegible]	0,990	0,007	1,07	0,167	0,100	»	3,40	0,124	0,085	0,64	0,335	0,14
15	2,60	4,12	1,44	1,90	0,64	0,203	0,133	1,20	0,57	0,[illegible]	0,940	0,007	1,04	0,165	0,099	»	3,28	0,120	0,080	0,62	0,325	0,14
16	2,49	3,96	1,38	1,82	0,61	0,197	0,127	1,16	0,54	0,[illegible]	0,890	0,007	1,00	0,155	0,093	»	3,16	0,116	0,080	0,585	0,305	0,13
17	2,36	3,76	1,31	1,76	0,58	0,184	0,121	1,12	0,51	0,[illegible]	0,850	0,006	0,97	0,148	0,088	»	3,02	0,112	0,075	0,56	0,290	0,13
18	2,29	3,64	1,27	1,71	0,56	0,179	0,121	1,08	0,49	0,[illegible]	0,820	0,006	0,94	0,145	0,087	»	2,91	0,108	0,075	0,54	0,280	0,12
19	2,20	3,50	1,22	1,64	0,54	0,174	0,116	1,03	0,47	0,[illegible]	0,790	0,006	0,91	0,140	0,084	»	2,82	0,104	0,070	0,52	0,270	0,12
20	2,09	3,32	1,16	1,56	0,51	0,159	0,108	0,98	0,45	0,[illegible]	0,750	0,006	0,88	0,132	0,079	»	2,68	0,100	0,070	0,50	0,260	0,11

(A) Dans chaque jeu, les dimensions du chouquet du bas mât restent les mêmes, quel que soit le bas mât. Les trous devant être percés qu'au moment où le jeu de mâture reçoit un emploi, le seront de manière à s'adapter au tenon du bas mât, ainsi qu'au diamètre du mât de hune. Les ouvertures des plaques ont été calculées de manière à laisser une place suffisante pour les deux trous, quel que soit l'emploi du jeu.

TABLEAU N° 4,

TANGONS, VERGUES ET BOUTS-DEHORS DE BONNETTES.

Ce tableau est divisé en deux parties : la première, relative aux bonnettes basses, donne leurs vergues et tangons par classes de mâture, comme le tableau N° 1 donne les espars de la mâture basse; la seconde partie, relative aux bonnettes hautes, donne les vergues et bouts-dehors de bonnettes *par jeu gradué* (mais en supposant ce jeu employé pour un grand mât). La légende particulière de la seconde partie donne le moyen de trouver les vergues de bonnettes quand le jeu gradué que l'on emploie sert pour un mât de misaine.

PREMIÈRE PARTIE.

VERGUES ET TANGONS DE BONNETTES BASSES, PAR RANGS DE BATIMENTS.

CLASSEMENT DES MATURES.		VERGUES DE BONNETTES BASSES. Grandes.	Diamètre commun aux deux vergues.	Petites.	TANGONS. Longueur.	Diamètre (B).
		m	m	m	m	m
Vaisseaux à 3 ponts		10,24	0,174	7,22	19,00	0,325
Vaisseaux à 2 ponts	de 1re classe	10,24	0,174	7,22	19,00	0,325
	de 2e classe	9,76	0,166	6,88	18,00	0,306
	de 3e classe	9,28	0,158	6,59	18,00	0,306
	de 4e classe	8,83	0,150	6,24	16,50	0,280
Frégates	de 1re classe	8,83	(A) 0,150	6,24	16,50	0,280
	de 2e classe	8,38	0,142	5,95	15,25	0,260
	de 3e classe	8,00	0,136	5,68	13,75	0,230
	de 4e classe	7,14	0,121	5,19	13,75	0,230
Corvettes	de 1re classe	6,77	0,115	4,96	12,50	0,210
	de 2e classe	6,38	0,108	4,74	12,50	0,210
	de 3e classe	6,13	0,104	4,53	12,50	0,210
	de 4e classe	6,13	0,104	4,53	11,50	0,195
	de 5e classe	5,53	0,094	4,14	11,50	0,195
	de 6e classe	5,53	0,094	4,14	10,50	0,178
	de 7e classe	5,20	0,088	4,14	10,50	0,178
Bricks	de 1re classe	5,70	0,097	4,53	11,50	0,195
	de 2e classe	5,20	0,088	4,14	10,00	0,170
	de 3e classe	4,80	0,082	3,82	10,00	0,170
	de 4e classe	4,60	0,078	3,65	10,00	0,170

LÉGENDE DE LA PREMIÈRE PARTIE.

Il sera toujours embarqué deux bonnettes basses différentes : une grande et une petite.

(B) Le diamètre des tangons est calculé de telle sorte que ces espars puissent, à la mer, et en cas d'épuisement des autres rechanges, fournir un petit mât de perroquet.

(A) Il pourra être demandé par les capitaines, et fourni par les arsenaux à tous les bâtiments autres que les vaisseaux, des vergues inférieures destinées à établir les bonnettes basses sans le secours du tangon. Ces vergues auront une longueur égale aux 5/2 de celles des vergues supérieures qui sont données dans cette première partie du tableau N° 4.

DEUXIÈME PARTIE.

BOUTS-DEHORS DES VERGUES DE CHAQUE JEU.

VERGUES DE BONNETTES HAUTES POUR LE CAS OU LE JEU GRADUÉ SERT A UN GRAND MAT.

NUMÉROS DES JEUX.	VERGUES DE BONNETTES de hune. (Longueur.)	VERGUES DE BONNETTES de perroquet. (Longueur.)	BOUTS-DEHORS DE BONNETTES de basses vergues.	BOUTS-DEHORS DE BONNETTES de vergues de hune.
	(A) m	(A) m	(A) m	(A) m
1	9,55	7,30	17,05	11,98
2	8,95	6,91	16,20	11,28
3	8,70	6,66	15,43	10,89
4	8,35	6,38	14,70	10,43
5	8,00	6,15	13,96	9,98
6	7,63	5,95	13,29	9,54
7	7,20	5,64	12,56	8,99
8	6,95	5,30	11,95	8,61
9	6,66	5,10	11,34	8,23
10	6,22	4,83	10,70	7,74
11	5,90	4,69	10,28	7,46
12	5,77	4,54	9,75	7,16
13	5,56	4,31	9,30	6,85
14	5,35	4,19	8,84	6,55
15	5,08	3,94	8,38	6,24
16	4,78	3,80	8,00	5,94
17	4,63	3,65	7,60	5,71
18	4,42	3,52	7,27	5,51
19	4,32	3,40	6,93	5,31
20	4,10	3,20	6,55	5,03

LÉGENDE DE LA DEUXIÈME PARTIE.

Les bouts-dehors sont invariablement égaux à la moitié de la longueur totale de la vergue qui les porte.

Quand le jeu gradué dont on veut trouver les bonnettes sert pour un grand mât, les bonnettes des deux bords sont égales et leurs vergues sont celles du tableau.

Quand le jeu sert pour un *mât de misaine*, il y a une grande et une petite bonnette de hune.

Si le navire qui emploie le jeu est un *trois-mâts*, la vergue de la *petite* bonnette est celle du tableau; la vergue de la *grande* bonnette est *pareille à celles du grand hunier*; les vergues de bonnettes de perroquet sont égales entre elles, et ce sont celles du tableau.

Si le navire qui emploie le jeu est un *brick*, la vergue de la *petite* bonnette est *pareille à celles de son grand hunier*; la vergue de la *grande* bonnette est une de celles que le présent tableau attribue *au hunier supérieur de deux numéros à celui qui sert au grand mât du bâtiment*; les deux vergues de bonnettes de perroquet sont égales entre elles et *pareilles à celles du grand perroquet*.

(A) Le facteur à employer pour obtenir le diamètre des bouts-dehors et celui des vergues de bonnettes hautes en fonction de leur longueur, varie de 0,017 à 0,022.

TABLEAU N° 5.

EMPLOI DES JEUX GRADUÉS.

OBSERVATIONS.

La lettre A indique un fare d'artimon. — La lettre G indique un fare de grand mât. — La lettre M indique un fare de misaine.

Ce tableau est à double entrée : L'entrée par les colonnes verticales donne, pour chaque espèce de bâtiment, les numéros des jeux gradués qu'on doit employer pour la mâture supérieure de ses divers fares. — L'entrée par les colonnes horizontales indique à combien d'usages différents chacun des jeux gradués peut être employé.

S'il arrivait qu'on fût conduit à demander quelques modifications (1) dans la mâture de certains navires, ces modifications, en ce qui concerne la mâture haute, consisteraient dans le remplacement, par d'autres jeux, d'un ou de plusieurs des jeux employés, *jamais dans une modification des espars réglementaires ou de la composition particulière des divers jeux.*

NUMÉROS DES JEUX GRADUÉS.	MATURES																		
	DES VAISSEAUX					DES FRÉGATES.				DES CORVETTES.						DES BRICKS.			
	à 3 ponts.	à 2 ponts.																	
	1re classe.	1re classe.	2e classe.	3e classe.	4e classe.	1re classe.	2e classe.	3e classe.	4e classe.	1re classe.	2e classe.	3e et 4e classes.	5e classe.	6e classe.	7e classe.	1re classe.	2e classe.	3e classe.	4e classe.
1	G	G																	
2			G																
3				G															
4	M	M			G	G													
5			M				G												
6				M				G											
7					M	M			G										
8	A	A					M												
9			A					M		G									
10				A					M		G								
11					A	A						G							
12							A			M									
13								A			M		G			G			
14									A			M		G	G				
15																M	G		
16										A			M	M				G	
17											A				M		M		G
18												A						M	
19																			M
20																			

(1) Sur les trois-mâts où le bas mât d'artimon serait reculé vers l'arrière d'une quantité notable, on trouverait quelquefois avantage à baisser d'un numéro le jeu gradué employé pour perroquet de fougue.

Tel est le réglement en usage aujourd'hui dans tous les arsenaux. Nous devons y ajouter, comme renseignement utile, indispensable, le tableau des dimensions principales des bâtiments de chaque série. On y trouvera les profondeurs de cale, prises aux étambrais des mâts; de plus, la longueur du beaupré, en dedans de l'étrave; cette longueur ajoutée à la longueur donnée au réglement forme la longueur totale du beaupré. Il ne peut exister que de légères différences sur les mesures relevées à bord. Cependant, il sera bien de consulter de préférence les plans ou les navires en construction.

En comparant entre elles la longueur en dedans et la saillie extérieure, opérant de même à l'égard de la longueur totale, nous avons obtenu les rapports suivants :

RAPPORTS DE LA LONGUEUR DU BEAUPRÉ, EN DEDANS,

	Avec la longueur, en dehors de l'étrave.	Avec la longueur totale du beaupré.
	m	m
Vaisseaux à trois ponts	0,487	0,327
Vaisseaux à deux ponts	0,452	0,336
Frégates	0,450	0,312
Corvettes	0,440	0,305
Bricks	0,522	0,342

Si donc on multiplie la longueur, en dehors de l'étrave, donnée au réglement, par le rapport comme facteur, on obtiendra, en moyenne, la longueur, en dedans.

Ou bien, la longueur totale du beaupré étant donnée, on détermine la longueur, en dedans, au moyen du rapport qui précède.

DIMENSIONS PRINCIPALES DE BATIMENTS DE LA FLOTTE,

Dont la série est indiquée au réglement de 1854.

DÉSIGNATION DES BATIMENTS.		LONGUEUR à la flottaison en charge.	LONGUEUR au 1er pont.	LARGEUR au maître-couple, en dehors des membres.	CREUX sur quille au 1er pont.	DISTANCES comprises entre le dessus de la carlingue des mâts et le dessus des bordages du pont supérieur. Grand mât.	Mât de misaine.	Mât d'artimon (à partir de la dunette, pour les vaisseaux, et du gaillard, pour le reste).	LONGUEUR du beaupré en dedans.
		m	m	m	m	m	m	m	m
Vaisseaux à 3 ponts (*Montebello*)		63,20	63,31	16,404	8,121	13,80	13,50	8,20	7,80
Vaisseaux à 2 ponts.	1re classe (*Hercule*)	62,27	62,50	16,20	8,23	12,00	12,20	6,80	7,20
	2e classe (*Suffren*)	60,27	60,50	15,75	8,02	11,50	11,20	6,20	6,60
	3e classe (*Jupiter*)	58,60	58,88	15,267	7,633	10,80	11,00	6,60	7,10
	4e classe (*Alger*)	55,30	55,55	14,483	7,146	10,40	10,50	6,70	6,40
Frégates.	1re classe de 60	54,11	54,40	14,10	7,05	8,30	8,40	4,10	6,30
	2e classe de 52	52,10	52,46	13,40	7,04	8,40	8,50	4,50	5,70
	3e classe de 46 (*Jeanne-d'Arc*)	48,00	48,33	12,40	6,80	7,85	7,55	4,10	
	4e classe de 44 (*Armide*)	45,92	46,50	11,91	6,17	7,40	7,50	4,10	6,00
Corvettes.	1re classe (*Galatée*)	42,70	43,00	11,80	5,80				
	2e classe	43,60	44,10	10,40	5,70	6,90	6,80	3,60	4,00
	3e classe (*Ariane*)	42,08	42,28	10,86	5,55	6,90	6,70	3,90	4,30
	4e classe (*Créole*)	38,08	38,22	9,70	5,15	4,80	4,60	2,40	4,20
	5e classe	41,09	41,60	10,10	5,40	6,40	6,40	3,60	5,30
	6e classe (*Perle*)	33,30	33,96	8,446	4,607	4,15	4,00	2,15	4,20
	7e classe	30,85	31,57	8,48	4,84	4,50	4,40	2,40	3,50
Bricks	1re classe (*Zèbre-Palmyre*)	32,50	33,00	9,60	4,85	4,20	4,20	»	4,50
	2e classe (*Léger*)	28,00	»	8,40	4,20	3,80	3,75	»	
	3e classe	27,79	30,11	8,00	3,85	3,70	3,60	»	4,20
	4e classe	25,97	26,15	7,43	3,15	3,00	2,90	»	3,20

Pour l'intelligence du réglement, nous en appliquons le système à la mâture d'une frégate. Il sera facile au lecteur d'opérer ensuite à l'égard de tout autre bâtiment.

APPLICATION DU RÈGLEMENT DE 1854 A LA MATURE D'UNE FRÉGATE DE TROISIÈME CLASSE.

Dimensions principales de la Frégate.

Longueur de rablure en rablure, au premier pont	50m50
Longueur à la flottaison en charge	48,00
Largeur au maître-couple, en dehors des membres	12,40
Creux au milieu	6,50
Creux de cale, de la carlingue au-dessus des bordages du pont supérieur :	
A l'étambrai du grand mât	7,78
— du mât de misaine	7,65
— du mât d'artimon	4,15
Longueur du beaupré en dedans	4,50

Dimensions de la Mâture.

TABLEAU N° 1.

BAS-MATS, BEAUPRÉ, BATON DE GRAND FOC, BOUT-DEHORS DE CLIN-FOC, GUI, CORNES, ARCS-BOUTANTS DE BEAUPRÉ ET DE MARTINGALE.

BAS-MATS.

La longueur du grand mât est donnée seulement du pont au-dessus des jottereaux. Cette longueur, en regard des frégates de 3e classe, tableau N° 1, est de 17m50

Il faut y ajouter :

Creux de cale, à l'étambrai, mesuré à bord ou sur le plan, et porté ci-dessus à	7,78
Ton, suivant le tableau	5,21
LONGUEUR TOTALE du grand mât	30m49

Opérant de même à l'égard des deux autres bas-mâts, on trouvera :

Longueur totale du mât de misaine (15m50 + 7m65 + 4m57)	27m72
— du mât d'artimon (14,60 + 4,15 + 3,70)	22,62

BEAUPRÉ.

Sa longueur portée au tableau, comptée en dehors de l'étrave, est de	12m70
Longueur en dedans, prise à bord ou sur le plan	4,50
LONGUEUR TOTALE	17m20

BATON DE GRAND FOC.

On ne donne au haut du tableau, que la saillie en dehors du chouquet; mais une note au bas porte que la longueur intérieure de cet espar est égale à la moitié de la saillie extérieure du beaupré.

Or, cette saillie étant indiquée à 12m70, sa moitié sera de........................	6m35
Il faut y ajouter la saillie du bâton de grand foc, soit..............................	8,84
LONGUEUR TOTALE du bâton de grand foc........	15m19

Si le bâton de grand foc remplissait en outre les fonctions de bout-dehors de clin-foc, il faudrait l'augmenter encore (note du tableau) d'une longueur égale aux 60/100es (0,60) de la saillie extérieure de cet espar, soit :

$$8^m84 \times 0,60 = 5^m32$$

Mais notre frégate doit avoir un bout-dehors de clin-foc. La longueur de cet espar est donnée comme suit, par une note insérée au bas du tableau N° 1. « Quand il y a un bout-dehors de clin-foc distinct du bâton de grand foc, la saillie du clin-foc est *la même*, et l'espar s'appuie par son talon au chouquet du beaupré. »

Conséquemment, le bout-dehors de clin-foc aura :

1° Saillie extérieure du bâton de grand foc..................................	8m84
2° Saillie attribuée au même espar servant de clin-foc........................	5,32
LONGUEUR TOTALE du bout-dehors de clin-foc....	14m16

On porte généralement, *en dedans* de cette longueur, une contre-flèche égale à une fois et demie le diamètre de l'espar, et ce diamètre varie de 0,017 à 0,018 de la longueur.

Le diamètre du bout-dehors de clin-foc serait donc :

$$16^m14 \times 0,017 = 0^m27$$

et la contre-flèche :

$$0^m27 \times 1,50 = 0^m40$$

CORNE DE BRIGANTINE.

Longueur totale, moins le bout (tableau N° 1)................................	12m50
(Le bout varie de 1m00 à 0m80)..	1,00
LONGUEUR de la corne de brigantine.......	13m50

CORNE DE GRANDE VOILE ET DE MISAINE GOELETTES.

(Le bout de ces espars est à peu près uniforme à 0^m50.)

Longueur de la corne de grande voile goëlette ($6^m50 + 0^m50$)...............	7^m00
Longueur de la corne de misaine goëlette (7,50 + 0,50)...............	8,00

GUI DE BRIGANTINE.

(Bout uniforme............ 0^m50.)

Longueur totale du gui de brigantine ($17^m70 + 0^m50$)...........	18^m20

ARCS-BOUTANTS DE BEAUPRÉ ET DE MARTINGALE.

Les arcs-boutants de beaupré remplacent la vergue de civadière, généralement supprimée (1). On en voit le dessin, *fig.* 6.

Ces arcs-boutants, ainsi que les martingales, ont une longueur totale, y compris les bouts, égale à 0,67 de la saillie du bâton de grand foc.

Longueur des arcs-boutants de beaupré ($8^m84 \times 0,67$)...................	5^m90
Longueur des arcs-boutants de martingale............................	5,90

TABLEAU N° 2.

MATS DE HUNE, MATS DE PERROQUET, BASSES VERGUES, VERGUES DE HUNE, VERGUES DE PERROQUET, VERGUES DE CACATOIS.

Pour avoir les dimensions de ces espars, il faut se reporter au tableau N° 5 du réglement, indiquant la série des jeux gradués où doivent se prendre les fares (mâture supérieure) attribués à chacun des mâts; la lettre G désignant le fare du grand mât; la lettre M, le fare du mât de misaine; A, le mât d'artimon.

On y verra que pour une frégate de 3e classe,

Le fare du grand mât est au N° 6 des jeux gradués;

Le fare du mât de misaine, au N° 9;

Le fare du mât d'artimon, au N° 13.

Sur ces indications on établit les dimensions de la mâture supérieure.

(1) La vergue de civadière est égale en dimensions à la vergue de petit hunier; celle de contre-civadière, supprimée entièrement, à la vergue de petit perroquet.

La voile de civadière (*cevadera*, en espagnol), étant fort avancée hors du vaisseau, et descendant presque jusqu'à la surface de la mer, sa figure la fait comparer au sac qu'on attache quelquefois à la tête des chevaux, dans lequel on met de l'orge (*cevada*) dont on les nourrit en Espagne. (Bouguer, *Traité du Navire*, page 121.)

MATS DE HUNE.

Jeu N° 6. Grand mât de hune (tableau N° 2), longueur totale.............. 18m62
— N° 9. Petit mât de hune.. 16,32
— N° 13. Mât de hune d'artimon (perroquet de fougue)................... 13,83

MAT DE PERROQUET.

Jeu N° 6. 1° Grand mât de perroquet.

Sa longueur est portée seulement de la clef au capelage................ 8m29
Longueur de la flèche.. 5,53

Une note insérée au bas du tableau porte que « la contre-flèche ou bout pour pommes, et la longueur de caisse inférieure au trou de la clef sont égales chacune aux 125/100 (1,25) du diamètre. »

Il faut donc ajouter :

Longueur de la contre-flèche, diamètre 0m27 × 1,25 = ... 0,34
Même longueur pour la caisse... 0,34

Longueur totale du grand mât de perroquet.... 14m50

On trouvera par des procédés analogues :

Jeu N° 9. Longueur totale du petit mât de perroquet.................... 12m94
Jeu N° 13. Du mât de perroquet d'artimon (perruche).................... 11,17

Au moyen de leur flèche, les mâts de perroquet servent en même temps de mâts de cacatois, supprimés dans la flotte.

BASSES VERGUES.

Jeu N° 6. Grande vergue, longueur totale............................... 26m59
— N° 9. Vergue de misaine.. 22,69
— N° 13. Vergue d'artimon (sèche ou barrée)............................ 18,60

VERGUES DE HUNE.

Jeu N° 6. Vergue de grand hunier....................................... 19m08
— N° 9. Vergue de petit hunier... 16,46
— N° 13. Vergue de hunier d'artimon (perroquet de fougue).............. 13,71

VERGUES DE PERROQUET.

Jeu N° 6. Vergue de grand perroquet.................................... 12m30
— N° 9. Vergue de petit perroquet...................................... 10,66
— N° 13. Vergue de perroquet d'artimon (perruche)...................... 8,98

VERGUES DE CACATOIS.

Jeu N° 6.	Vergue de grand cacatois	8m76
— N° 9.	Vergue de petit cacatois	7,76
— N° 13.	Vergue de cacatois d'artimon	6,70

Le tableau N° 3 donne les dimensions des hunes, des barres, chouquets, etc. Ces détails sont du ressort de l'atelier de mâture. Nous y reviendrons.

On trouve au tableau N° 4 les dimensions des tangons, vergues, et bouts-dehors de bonnettes. Les bouts-dehors sont invariablement égaux à la moitié de la longueur totale de la vergue qui les porte. Leur diamètre, comme celui des vergues de bonnettes, varie de 0,017 à 0,022 de la longueur de ces espars.

Le diamètre des tangons est calculé de telle sorte que ces espars puissent à la mer, en cas d'épuisement des autres rechanges, fournir un petit mât de perroquet (Note au tableau N° 4).

Dans les exemples qui précèdent nous avons indiqué les longueurs seulement. Il convient de placer à côté de chaque espar son diamètre, le ton, la flèche ou le bout. Ces données se trouvent au réglement. On dresse en conséquence le tableau général de la mâture du bâtiment, de la manière suivante :

DIMENSIONS DE LA MATURE D'UNE FRÉGATE DE 3e CLASSE.

(*Règlement de* 1854.)

NOMENCLATURE.	LONGUEUR.	DIAMÈTRE.	TON, BOUT ou flèche.
	m	m	m
Grand mât	30,49	0,850	5,21
Mât de misaine	27,72	0,780	4,57
Mât d'artimon	22,62	0,560	3,87
Beaupré	17,20	0,780	»
Grand mât de hune	18,62	0,495	2,45
Petit mât de hune	16,32	0,435	2,15
Mât de hune d'artimon (perroquet de fougue)	13,83	0,355	1,83
Grand mât de perroquet	14,50	0,270	5,87
Petit mât de perroquet	12,94	0,240	5,43
Mât de perroquet d'artimon (perruche)	11,17	0,205	4,53
Bâton de foc	15,19	0,365	0,475
Bâton de clin-foc	14,16	0,240	0,36
VERGUES.			
Grande vergue	26,59	0,560	1,12
Vergue de misaine	22,69	0,470	0,96
Vergue sèche (d'artimon)	18,60	0,380	0,78
— de grand hunier	19,08	0,365	1,58
— de petit hunier	16,46	0,315	1,36
— de hunier d'artimon (perroquet de fougue)	13,71	0,265	1,14
— de grand perroquet	12,30	0,210	0,51
— de petit perroquet	10,66	0,185	0,46
— de perroquet d'artimon (perruche)	8,98	0,160	0,38
— de grand cacatois	8,76	0,145	0,36
— de petit cacatois	7,76	0,130	0,33
— de cacatois d'artimon	6,70	0,116	0,28
Gui	18,20	0,365	0,50
Corne de brigantine	13,50	0,245	1,00
— de grande voile goëlette	7,00	0,155	0,50
— de misaine goëlette	8,00	0,165	0,50

Il n'est pas sans intérêt de comparer ces dimensions de mâture à celles de la frégate de 3e classe, la *Pénélope*, armée en 1853. Seulement, pour établir ces comparaisons, et pour rentrer dans l'esprit de nos *tables*, nous allons présenter les rapports obtenus : 1° des longueurs des mâts et vergues avec la largeur du bâtiment, prise en dehors des membres; 2° ceux des diamètres, ton, bouts ou flèche, avec la longueur respective des pièces de mâture.

Ces rapports, on le comprend facilement, s'obtiennent pour les longueurs des mâts et vergues, en divisant ces longueurs par la largeur donnée du navire; pour les diamètres, etc., en divisant ces dimensions par la longueur donnée des pièces correspondantes.

Pour revenir ensuite des rapports aux dimensions de la mâture, il suffira de multiplier la largeur donnée du bâtiment par le rapport considéré comme facteur. Même observation pour les diamètres, etc., dont les facteurs sont les rapports avec les longueurs obtenues.

EXEMPLE.

La largeur donnée d'un bâtiment, en dehors des membres, est de 8m60.

Le grand mât a pour dimensions les rapports suivants :

Longueur.	Diamètre.	Ton.
2,42	0,027	0,170

On veut obtenir, en mesures métriques, les dimensions réelles.

OPÉRATIONS.

Longueur du grand mât..................	8m60 × 2,42	= 20m81
Diamètre............................	20m81 × 0,027	= 0,562
Ton..................................	20m81 × 0,170	= 3,54

La longueur des bouts de vergues est indiquée pour un côté seulement de l'espar. Les bouts sont compris dans la longueur totale.

Il est nécessaire de se pénétrer de ces règles faciles; elles servent de base à nos tables de mâture.

RAPPORTS COMPARÉS DE LA MATURE DES FRÉGATES DE 3e CLASSE.

	MATURE DE LA PÉNÉLOPE, 1853.			MATURE Suivant le réglement de 1854.		
Longueur du bâtiment	50m50			50m50		
Larg^r en dehors des membres.	12, 40			12, 40		
	Longueur.	Diamètre.	Ton et bouts.	Longueur.	Diamètre.	Ton et bouts.
MATURE.						
Grand mât	2,419	0,0270	0,160	2,459	0,0278	0,170
Mât de misaine	2,225	0,0276	0,160	2,233	0,0281	0,165
Mât d'artimon	1,693	0,0245	0,159	1,824	0,0247	0,171
Beaupré	1,451	0,0438	»	1,387	0,0459	»
Grand mât de hune	1,451	0,0250	0,150	1,500	0,0265	0,131
Petit mât de hune	1,306	0,0250	0,150	1,316	0,0266	0,131
Mât de hune d'artimon	1,016	0,0250	0,150	1,115	0,0256	0,132
Grand mât de perroquet	1,150	0,0189	0,393	1,168	0,0186	0,405
Petit mât de perroquet	1,054	0,0187	0,381	1,043	0,0193	0,413
Mât de perroquet d'artimon	0,819	0,0196	0,390	0,900	0,0181	0,405
Bâton de foc	1,201	0,0211	0,030	1,225	0,0240	0,031
Bâton de clin-foc	1,104	0,0150	»	1,142	0,0170	0,025
VERGUES.						
Grande vergue	2,133	0,0204	0,045	2,144	0,0210	0,045
Vergue de misaine	1,919	0,0205	0,046	1,830	0,0207	0,042
Vergue sèche ou barrée	1,332	0,0183	0,045	1,500	0,0204	0,041
Vergue de grand hunier	1,631	0,0177	0,084	1,538	0,0191	0,082
— de petit hunier	1,468	0,0178	0,082	1,327	0,0191	0,082
— de hunier d'artimon	1,105	0,0192	0,069	1,105	0,0193	0,083
— de grand perroquet	1,064	0,0159	0,038	0,992	0,0170	0,041
— de petit perroquet	0,960	0,0159	0,046	0,860	0,0173	0,043
— de perroquet d'artim.	0,741	0,0163	0,043	0,717	0,0180	0,042
— de grand cacatois	0,741	0,0163	0,027	0,706	0,0165	0,041
— de petit cacatois	0,669	0,0156	0,016	0,625	0,0167	0,042
— de cacatois d'artimon	0,528	0,0168	0,022	0,540	0,0173	0,041
Gui	1,354	0,0172	0,023	1,467	0,0200	0,027
Corne de brigantine	1,161	0,0201	0,034	1,088	0,0181	0,074
— de grande voile goël	»	»	»	0,564	0,0220	0,071
— de misaine goëlette	»	»	»	0,645	0,0200	0,062

Il existe quelques différences dans les rapports qui précèdent. Le réglement de 1854 prescrit plus de hauteur dans les bas mâts, mais cette augmentation porte sur la différence de 0,160 du ton de la *Pénélope* à 0,170 du ton actuel.

Le ton des mâts de hune, au contraire, est moindre au nouveau réglement. Il ne s'élève qu'à 0,130 de la longueur du mât, tandis que dans la *Pénélope* ce rapport est de 0,150 de la même longueur.

Les basses vergues sont plus longues à la *Pénélope*, à l'exception toutefois de la vergue d'artimon ou vergue sèche, dont les rapports diffèrent de 1,332 à 1,500 de la largeur en dehors des membres. Cependant, il est à remarquer que le tarif arrêté en 1835 attribuait à la vergue sèche le rapport de 1,700 de la largeur, pour une frégate de 3e classe. Ce tarif, au surplus, dont l'ensemble nous paraît sagement raisonné, est souvent la reproduction fidèle des méthodes précédemment employées, sauf une diminution considérable dans la longueur des bouts de vergues.

Les diamètres de la mâture actuelle semblent un peu plus forts, surtout pour la mâture supérieure.

Voici encore un tableau des rapports comparés de la mâture d'une frégate de 4e classe, dite de 46, ancien modèle, portant du 18.

A la mâture d'une frégate armée en 1815 on a joint les rapports obtenus par les réglements de 1835 et 1854; de plus, la mâture d'une frégate espagnole de même calibre :

La longueur, de rablure en rablure, de ces frégates est de............. 46m80
La largeur, en dehors des membres.................................... 11,90

Seulement, il convient de faire observer que les rapports donnés par le réglement de 1835 dérivent d'une largeur de 11m86; différence, au surplus, de peu d'importance.

RAPPORTS COMPARÉS DE LA MATURE D'UNE FRÉGATE DE 4e CLASSE

(Dite de 44, ancien modèle, portant du 18).

NOMENCLATURE.	MATURE en 1815.		RÈGLEMENT de 1835.		RÈGLEMENT de 1854.		FRÉGATE ESPAGNOLE 1815.	
	Longueur.	Ton et bouts.	Longueur.	Ton et bouts.	Longueur.	Ton et bouts.	Longueur.	Ton et bouts.
Grand mât	2,415	0,140	2,424	0,141	2,495	0,169	2,346	0,130
Mât de misaine	2,157	0,145	2,163	0,145	2,228	0,165	2,128	0,141
Mât d'artimon	1,711	0,142	1,726	0,142	1,836	0,169	1,719	0,134
Beaupré	1,420	»	1,424	»	1,420	»	1,473	»
Grand mât de hune	1,579	0,129	1,561	0,131	1,500	0,131	1,472	0,129
Petit mât de hune	1,420	0,130	1,426	0,130	1,302	0,131	1,418	0,124
Mât de hune d'artimon	1,147	0,142	1,151	0,142	1,031	0,131	1,255	0,119
Grand mât de perroquet	1,228	0,355	1,319	0,424	1,168	0,406	1,291	0,382
Petit mât de perroquet	1,092	0,350	1,193	0,427	1,050	0,409	1,291	0,382
Mât de perroquet d'artimon	0,819	0,333	0,927	0,427	0,832	0,408	0,709	0,328
Bâton de foc	1,498	0,272	1,256	»	1,229	»	1,473	0,256
Bâton de clin-foc	»	»	1,129	»	1,147	0,027	»	»
VERGUES.								
Grande vergue	2,182	0,087	2,192	0,043	2,111	0,042	2,100	0,091
Vergue de misaine	1,902	0,092	1,918	0,046	1,799	0,042	1,910	0,091
Vergue sèche	1,500	0,109	1,697	0,109	1,344	0,042	1,500	0,109
Vergue de grand hunier	1,582	0,160	1,697	0,108	1,516	0,082	1,500	0,145
— de petit hunier	1,391	0,166	1,471	0,109	1,301	0,082	1,500	0,145
— de hunier d'artimon	1,228	0,133	1,176	0,100	1,000	0,083	1,227	0,115
— de grand perroquet	1,036	0,110	1,037	0,052	0,973	0,042	0,981	0,111
— de petit perroquet	0,891	0,121	0,910	0,055	0,848	8,041	0,981	0,111
— de perroquet d'artimon	0,790	0,102	0,809	0,052	0,662	0,042	0,682	0,120
— de grand cacatois	0,764	0,071	0,720	0,041	0,704	0,042	»	»
— de petit cacatois	0,701	0,076	0,623	0,040	0,621	0,040	»	»
— de cacatois d'artimon	»	»	0,615	0,034	0,498	0,042	»	»
Gui	1,473	»	1,618	uniforme.	1,453	uniforme.	1,337	»
Corne de brigantine	1,173	0,022	1,163	id.	1,058	id.	1,091	»
— de grande voile goëlette	»	»	»	»	0,588	id.	»	»
— de misaine goëlette	»	»	»	»	0,671	id.	»	»

On peut encore appliquer au tableau que nous venons de dresser les remarques précédentes. Les mêmes différences se retrouvent. Les bouts de vergues de la frégate armée en 1815 sont à peu près doubles des bouts actuels, même de ceux prescrits déjà par le réglement de 1835.

La frégate espagnole, dont nous avons pris les dimensions dans l'ouvrage publié en 1817 par M. Babron, lieutenant de vaisseau, se rapproche de nos frégates de l'époque; mais on remarque de l'uniformité dans les grands et petits mâts de hune et de perroquet, dans la vergue sèche et celle du grand et petit hunier, ainsi que dans les vergues de grand et petit perroquet.

A ce sujet, nous dirons que l'égalité dans les mâtures supérieures a donné lieu à de nombreuses controverses. On doit à cet égard consulter Forfait et les notes interressantes de Willaumez.

«.....Cette considération (*celle des rechanges*) a fait proposer d'établir une égalité absolue dans toutes les parties de la mâture où elle pourrait être admise : par exemple, 1° entre le grand et le petit mât de hune; 2° entre le mât de hune d'artimon et le bâton de foc; 3° entre le grand et le petit mât de perroquet; 4° entre la grande vergue et celle de misaine; 5° entre les vergues du grand et du petit hunier, de la civadière et de la vergue barrée, ou de fougue; 6° entre la vergue du hunier d'artimon et la contre-civadière; 7° entre les vergues du grand et du petit perroquet.

» Il y a longtemps que cette idée d'égaliser les mâtures avait été mise à exécution, et peut être n'était-ce pas pour la première fois. On arma au port de Lorient, en 1766, un vaisseau de la Compagnie des Indes, nommé le *Massiac*, sur lequel même la chute du mât de misaine était égale à celle du grand mât; le succès ne fut point du tout malheureux; la nouvelle mâture étant combinée de manière à donner une surface de voilure proportionnée à la stabilité du navire, et son centre d'impulsion étant placé comme il l'aurait été dans le système des mâtures inégales, il n'y avait pas de raison pour que ce vaisseau naviguât mieux ou plus mal qu'un autre. » (Forfait, *Traité de Mâture*, page 118).

Néanmoins, le savant ingénieur ne semble pas approuver cette uniformité. Il présente des objections, combattues par les réflexions toutes pratiques de l'amiral Willaumez, notes auxquelles nous renvoyons le lecteur.

De nos jours, le ministre n'a pas adopté l'égalité dans les mâtures, elle est appliquée dans le tarif de 1835 aux bricks de 20 et avisos de 10; mais elle disparaît dans le réglement de 1854.

Il ne nous appartient pas de nous prononcer dans une question aussi grave. Nous

nous bornons à recueillir les faits. Cependant, nous croyons devoir faire observer que rien n'empêcherait sans doute d'égaliser les mâtures en établissant l'équilibre dans la disposition des mâts, leurs dimensions et celles de la voilure. Il résulterait de cette mesure économie et simplification dans les armements. Ces considérations n'ont pas échappé à nos armateurs, et depuis longtemps l'égalité des mâtures est, autant que possible, appliquée aux navires du commerce.

Il y a plusieurs années qu'on arma à Lorient le trois-mâts le *Madagascar*, d'après le système de l'égalité des espars. Nous donnons les dimensions de la mâture de ce transport dont on s'accordait alors à vanter les dispositions heureuses.

Nous ferons suivre ce tableau du rapport des dimensions de mâtures des bricks et avisos, suivant le tarif de 1835 et le réglement de 1854, et nous terminerons par la mâture de quelques bâtiments non classés dans les tarifs qui précèdent, savoir :

1° La mâture d'un transport, en appliquant le système de l'égalité des mâts;

2° Celle d'une frégate de 12;

3° Le mâture de la célèbre frégate de 24, la *Forte*, d'une marche supérieure.

TRANSPORT LE *MADAGASCAR*.

	DIMENSIONS.			RAPPORTS.		
Longueur, de rablure en rablure........	36m00			4,000		
Largeur, en dehors des membres	8,985			0,250		
Creux..................................	4,709			0,523		
	Longueur.	Diamètre.	Ton et bouts.	Longueur.	Diamètre.	Ton et bouts.
MATURE.	m	m	m			
Grand mât	22,981	0,568	2,841	2,555	0,0242	0,123
Mât de misaine.........................	20,951	0,514	2,598	2,333	0,0245	0,123
Mât d'artimon..........................	17,541	0,406	2,192	1,950	0,0231	0,125
Beaupré................................	13,480	0,514	»	1,500	0,0381	»
Grand et petit mât de hune.............	13,480	0,325	1,705	1,500	0,0241	0,126
Grand et petit mât de perroquet........	10,962	0,230	4,655	1,222	0,0209	0,424
Mât de perroquet de fougue.............	10,962	0,230	4,655	1,222	0,0209	0,140
Mât de perruche........................	6,983	0,121	1,786	0,777	0,0173	0,255
Bâton de foc...........................	13,074	0,216	»	1,453	0,0165	»
Bâton de clin-foc......................	12,830	0,135	»	1,425	0,0105	»
VERGUES.						
Grande vergue..........................	19,000	0,352	0,811	2,111	0,0237	0,042
Vergue de misaine......................	17,297	0,325	0,757	1,922	0,0187	0,043
— de civadière.........................	12,993	0,230	0,892	1,444	0,0177	0,068
— de grand et de petit hunier..........	12,993	0,230	0,892	1,444	0,0177	0,068
— sèche ou barrée......................	12,993	0,230	0,730	1,444	0,0177	0,056
— de grand et de petit perroquet.......	8,346	0,135	0,325	0,927	0,0161	0,038
— de perroquet de fougue...............	8,607	0,141	0,325	0,956	0,0163	0,038
— de perruche..........................	6,496	0,100	0,216	0,722	0,0154	0,033
— de grand et de petit cacatois........	7,227	0,108	0,325	0,803	0,0149	0,044
Gui....................................	11,585	0,230	0,487	1,287	0,0200	0,042
Corne..................................	9,826	0,195	0,406	1,090	0,0200	0,041

NOTA. — La longueur des mâts et vergues est comparée, dans les rapports, à la largeur du bâtiment, prise en dehors des membres.

Le diamètre des espars, la longueur du ton, de la flèche et des bouts se rapportent aux longueurs des pièces respectives.

La différence de rapport de la longueur du mât d'artimon, comparée aux mâts d'artimon des vaisseaux, frégates, etc., provient de la différence de hauteur de la carlingue de ce mât. Il descend ici dans la cale, ailleurs dans l'entrepont.

RAPPORTS des dimensions de Mâture des Bricks de 20 et des Bricks-Avisos de 10

Suivant le Tarif de 1835.

	BRICKS DE 20.			BRICKS-AVISOS DE 10.		
Longueur, de rablure en rablure........	33m60			27m57		
Largeur, en dehors des membres........	9,60			8,00		
Creux..............................	4,59			3,96		
	Longueur.	Diamètre.	Ton et bouts.	Longueur.	Diamètre.	Ton et bouts.
MÂTURE.						
Grand mât..........................	2,400	0,0240	0,150	2,500	0,0240	0,150
Mât de misaine.....................	2,305	0,0240	0,156	2,250	0,0244	0,166
Beaupré............................	1,444	0,0392	»	1,500	0,0383	»
Grand et petit mât de hune...........	1,444	0,0250	0,154	1,406	0,0248	0,177
Grand et petit mât de perroquet.......	1,500	0,0162	0,422	1,400	0,0160	0,401
Bâton de foc........................	1,750	0,0158	0,333	1,750	0,0171	0,357
VERGUES.						
Basses vergues......................	2,077	0,0192	0,032	1,912	0,0196	0,036
Vergue de civadière..................	1,755	0,0177	0,101	»	»	»
Vergues de hune.....................	1,755	0,0177	0,101	1,612	0,0178	0,108
Vergues de perroquet.................	1,111	0,0155	0,045	1,037	0,0180	0,072
Vergues de cacatois..................	0,800	0,0146	0,041	0,712	0,0119	0,044
Gui................................	1,864	0,0163	0,035	2,000	0,0165	0,031
Corne..............................	1,244	0,0200	0,026	1,337	0,0200	0,023
Tangon.............................	1,444	0,0164	»	1,406	0,0164	»
Arcs-boutants ferrés.................	1,039	0,0165	»	0,956	0,0176	»
Bouts-dehors de basses vergues........	1,039	0,0165	»	0,956	0,0176	»
— de vergues de hune........	0,877	0,0187	»	0,806	0,0193	»
Vergues de bonnettes basses...........	0,972	0,0171	0,022	0,887	0,0183	0,028
— de bonnettes de hune.........	0,700	0,0200	0,020	0,631	0,0217	0,039
— de bonnettes de perroquet......	0,505	0,0219	0,032	0,444	0,0253	0,042

NOTA. — Les bouts-dehors de bonnettes ont de longueur la moitié de la vergue à laquelle ils appartiennent.

Les rapports servant à déterminer les longueurs des vergues de bonnettes sont les suivants, à peu de chose près, comparativement à la longueur des vergues correspondantes.

1° Vergues de bonnettes basses............. 0,465
2° Vergues de bonnettes de hune............. 0,395
3° Vergues de bonnettes de perroquet......... 0,460

On les a souvent établis comme suit :

1° 0,404
2° 0,392
3° 0,445

RAPPORTS des dimensions de Mâture des Bricks de 20 et des Bricks-Avisos de 10

Suivant le Règlement de 1854.

NOTA. — Les dimensions principales de ces bâtiments sont supposées les mêmes que celles indiquées au tableau qui précède.

MATURE.	BRICK DE 20.			BRICK-AVISO DE 10.		
	Longueur.	Diamètre.	Ton et bouts.	Longueur.	Diamètre.	Ton et bouts.
Grand mât	2,515	0,0260	0,170	2,536	0,0266	0,170
Mât de misaine	2,359	0,0273	0,168	2,312	0,0286	0,170
Beaupré	1,444	0,0438	»	1,500	0,0416	»
Grand mât de hune	1,536	0,0256	0,132	1,535	0,0248	0,131
Petit mât de hune	1,416	0,0254	0,130	1,408	0,0249	0,130
Grand mât de perroquet	1,240	0,0183	0,382	1,250	0,0180	0,381
Petit mât de perroquet	1,152	0,0183	0,382	1,165	0,0182	0,392
Bâton de foc	1,673	0,0175	0,025	1,570	0,0180	0,025
VERGUES.						
Grande vergue	2,066	0,0204	0,042	2,000	0,0203	0,042
Vergue de misaine	1,862	0,0202	0,042	1,818	0,0206	0,042
— de grand hunier	1,523	0,0193	0,083	1,485	0,0198	0,083
— de petit hunier	1,387	0,0196	0,083	1,378	0,0195	0,083
— de grand perroquet	0,997	0,0178	0,042	0,990	0,0183	0,042
— de petit perroquet	0,914	0,0182	0,042	0,919	0,0187	0,044
— de grand cacatois	0,744	0,0173	0,041	0,741	0,0176	0,041
— de petit cacatois	0,693	0,0176	0,040	0,690	0,0181	0,040
Gui	2,033	0,0200	»	1,912	0,0200	»
Corne	1,355	0,0192	»	1,345	0,0195	»

DIMENSIONS DE LA MATURE D'UN TRANSPORT GRÉÉ EN TROIS-MATS.

DIMENSIONS PRINCIPALES.				RAPPORTS.		
Longueur, de rablure en rablure	33m00			4,000		
Largr au maître, en dehors des membres	8,24			0,250		
Creux sur quille	5,16			0,625 du bau.		
	Longueur.	Diamètre.	Ton et bouts.	Longueur.	Diamètre.	Ton et bouts.
MATURE.	m	m	m			
Grand mât	19,80	0,49	3,00	2,402	0,0247	0,152
Mât de misaine	18,20	0,48	3,00	2,208	0,0263	0,164
Mât d'artimon	14,00	0,35	2,20	1,825	0,0250	0,157
Beaupré	12,16	0,49	»	1,475	0,0402	»
Grand et petit mât de hune	11,80	0,30	1,80	1,432	0,0254	0,156
Mât de hune d'artimon	9,24	0,24	1,44	1,121	0,0259	0,155
Grand et petit mât de perroquet	9,90	0,19	4,00	1,201	0,0191	0,404
Mât de perroquet d'artimon	7,66	0,15	3,00	0,928	0,0195	0,404
Bâton de foc	9,90	0,21	»	1,201	0,0212	»
Bâton de clin-foc	10,40	0,15	0,30	1,262	0,0144	0,028
VERGUES.						
Basses vergues	16,20	0,30	0,66	1,966	0,0185	0,040
Vergue sèche	12,00	0,24	0,48	1,456	0,0200	0,040
Vergues de grand et de petit hunier	12,00	0,24	0,96	1,456	0,0200	0,080
— de hunier d'artimon	9,00	0,18	0,72	1,092	0,0200	0,080
— de grand et petit perroquet	8,20	0,15	0,32	0,995	0,0183	0,039
— de perroquet d'artimon	6,20	0,115	0,26	0,752	0,0185	0,040
— de grand et petit cacatois	6,20	0,115	0,26	0,752	0,0185	0,040
— de cacatois d'artimon	5,00	0,09	0,25	0,606	0,0180	0,041
Gui	12,00	0,24	0,36	1,456	0,0200	0,030
Corne de brigantine	8,00	0,16	0,40	0,970	0,0200	0,050
Bouts-dehors de basses vergues	8,10	0,14	»	0,983	0,0172	»
— de vergues de hune	6,00	0,11	»	0,728	0,0183	»
Vergues de bonnettes de hune	4,00	0,08	0,16	0,485	0,0200	0,040
— de bonnettes de perroquet	3,00	0,06	0,12	0,364	0,0200	0,040
— à patte d'oie	5,00	0,085	0,16	0,606	0,0170	0,032
Arcs-boutants ferrés	7,75	0,115	»	0,940	0,0148	»

DIMENSIONS DE LA MATURE D'UNE FRÉGATE PORTANT DU 12 (ANCIEN MODÈLE).

DIMENSIONS PRINCIPALES.				RAPPORTS.		
Longueur, de rablure en rablure	44m20			3,946		
Largeur au maître	11,20			0,253		
Creux	5,75			0,513 du bau.		
	Longueur.	Diamètre.	Ton et bouts.	Longueur.	Diamètre.	Ton et bouts.
MATURE.	m	m	m			
Grand mât	26,95	0,70	3,50	2,406	0,0259	0,130
Mât de misaine	24,70	0,68	3,25	2,205	0,0275	0,131
Mât d'artimon	19,50	0,46	2,60	1,741	0,0241	0,133
Beaupré	16,24	0,70	»	1,450	0,0431	»
Mâts de hune	16,24	0,44	2,10	1,450	0,0270	0,130
Mâts de perroquet	11,36	0,22	3,45	1,014	0,0193	0,303
Mât de perroquet de fougue	13,32	0,28	1,80	1,189	0,0210	0,132
Mât de perruche	8,45	0,16	2,00	0,754	0,0189	0,236
Bâton de foc	12,30	0,30	»	1,098	0,0243	»
VERGUES.						
Basses vergues	23,55	0,42	1,95	2,102	0,0178	0,082
Vergue sèche	17,54	0,27	1,95	1,566	0,0154	0,110
Vergue de civadière	17,54	0,27	1,95	1,566	0,0154	0,110
Vergues de hune	17,54	0,30	1,95	1,566	0,0171	0,110
— de perroquet	11,20	0,15	0,90	1,000	0,0133	0,080
— de perroquet de fougue	13,00	0,20	1,00	1,160	0,0154	0,077
— de perruche	8,10	0,14	0,60	0,723	0,0172	0,074
— de cacatois	8,75	0,11	0,40	0,781	0,0125	0,046
Gui	15,60	0,24	»	1,392	0,0154	»
Corne	13,32	0,24	0,30	1,189	0,0180	0,022
Bouts-dehors de basses vergues	10,70	0,20	»	0,946	0,0186	»
— de vergues de hune	7,47	0,14	»	0,666	0,0187	»
— de perroquet de fougue	7,47	0,14	»	0,666	0,0187	»
Arcs-boutants ferrés	11,40	0,20	»	1,017	0,0175	»

NOTA. — Ces dimensions se rapprochent de celles de la *Calypso* et des frégates de 12, en 1815, citées par Willaumez dans l'ouvrage de Forfait, page 321 de l'appendice. On pourra de la sorte comparer les changements apportés de nos jours, et ce n'est qu'à titre de renseignement que nous les avons reproduites.

DIMENSIONS DE LA MATURE DE LA FRÉGATE DE 24, LA *FORTE*.

	DIMENSIONS.			RAPPORTS.		
Longueur absolue	52m00			4,000		
Largeur au maître	13,00			0,250		
Creux au premier pont	4,33			0,333 du bau.		
	Longueur.	Diamètre.	Ton et bouts	Longueur.	Diamètre.	Ton et bouts.
MATURE.	m	m	m			
Grand mât	30,209	0,812	3,57	2,333	0,0268	0,118
Mât de misaine	26,636	0,757	3,25	2,050	0,0284	0,122
Mât d'artimon	21,439	0,514	2,60	1,657	0,0239	0,121
Beaupré	18,840	0,784	»	1,450	0,0426	»
Grand et petit mât de hune	18,840	0,487	1,95	1,100	0,0258	0,103
Mât de perroquet de fougue	14,292	0,297	1,30	1,100	0,0207	0,090
Grand et petit mât de perroquet	14,292	0,229	4,55	1,100	0,0160	0,312
Mât de perruche	9,745	0,189	2,60	0,750	0,0194	0,266
Bâton de foc	16,891	0,325	3,25	1,222	0,0192	0,192
VERGUES.						
Grande vergue	29,884	0,595	2,60	2,300	0,0199	0,086
Vergue de misaine	27,286	0,568	2,27	2,091	0,0208	0,083
Vergue sèche	22,088	0,487	3,25	1,700	0,0220	0,147
Vergue de civadière	22,088	0,379	3,25	1,700	0,0171	0,147
Vergues de grand et petit hunier	22,088	0,487	3,25	1,700	0,0220	0,147
— de perroquet de fougue	14,617	0,229	1,30	1,124	0,0156	0,088
— de grand et petit perroquet	13,642	0,216	0,97	1,049	0,0158	0,076
— de perruche	8,445	0,148	0,65	0,665	0,0175	0,078
Gui	16,242	0,325	1,62	1,249	0,0200	0,100
Corne	13,000	0,406	»	1,000	0,0312	»
POSITION DES MATS.						
Grand mât, distance à l'étrave	28m83			0,554		
Mât de misaine —	6,17			0,118		
Mât d'artimon, —	42,55			0,820		
La mâture est droite.						
Inclinaison du beaupré	0m568, par mètre.					

Sous la désignation de *corvettes et gabares à mâtereau*, le réglement de 1854 contient trois classes particulières de bâtiments. On donne aux navires du commerce de ce genre le nom de *trois-mâts-barques*. Le mât d'artimon est surmonté d'un mât de flèche sur lequel se grée une voile de flèche, bordée sur la corne de brigantine et enverguée, soit au moyen d'une petite corne tenue au mât de flèche, soit sur une vergue au tiers. Dans un virement de bord, ce dernier système a des inconvénients.

Le réglement ne donne pas la longueur du mât de flèche. On l'établit ordinairement comme le mât de hune d'artimon, à la différence qu'au lieu d'une simple contre-flèche pour pomme on agrandit cette flèche de 1m00 à 1m20. Le diamètre de cet espar est égal à celui du mât qu'il remplace.

Les corvettes ou gabares à mâtereau portent au mât d'artimon une barre à capeler sur la noix du bas mât, avec une traverse au milieu seulement, aux bouts de laquelle passent les galhaubans du mât de flèche.

On trouvera plus loin les dimensions de la mâture de la corvette-modèle la *Diligente*, armée en 1793 et d'une marche supérieure.

Nous ne donnons pas séparément les rapports des longueurs aux diamètres des mâts et vergues. Les exemples sont nombreux dans notre ouvrage. Ces rapports sont variables, ainsi qu'on peut le remarquer.

En 1849, la commission chargée de reviser les proportions de la mâture de la flotte, proposa les diamètres suivants (ce travail est extrait d'un ouvrage sur les bâtiments de mer, par M. Viel, dessinateur au Ministère de la Marine) :

RAPPORTS entre les diamètres des Mâts et Vergues et la longueur totale de ces mêmes pièces.

(*Travail de la Commission*, 1849.)

NOMENCLATURE.	VAISSEAUX ET FRÉGATES des deux 1ers rangs.	FRÉGATES du troisième rang et CORVETTES.	POUR TOUS LES BATIMENTS à TROIS MATS
MATS.			
Grand mât	0,0270	0,0260	»
Mât de misaine	0,0275	0,0265	»
Mât d'artimon	0,0260	0,0250	»
Mât de beaupré	0,0450	0,0420	»
Grand mât de hune et mât de perroquet de fougue	0,0250	0,0240	»
Petit mât de hune	0,0265	0,0250	
Mâts de perroquet et perruche	0,0170	0,0170	0,0170
Bouts-dehors de beaupré	0,0220	0,0220	0,0220
Bouts dehors de clin-foc	0,0150	0,0150	0,0150
VERGUES.			
Grande vergue et vergue de misaine	0,0210	0,0200	»
Vergue barrée et vergues de huniers	0,0180	0,0180	0,0180
Vergues de perroquet			
— de perruche			
— de cacatois			
— de bonnettes	0,0165	0,0165	0,0165
Bout-dehors de bonnettes			
Tangon			
Gui			
Corne de brigantine	0,0200	0,0200	0,0200

DIMENSIONS DE LA MATURE DE LA CORVETTE A MATEREAU LA *DILIGENTE*.

	DIMENSIONS.			RAPPORTS.		
Longueur absolue....	31m90			3,837		
Largeur, en dehors des membres....	8,32			0,260		
Creux....	4,22			0,508 du bau.		
	Longueur.	Diamètre.	Ton et bouts.	Longueur.	Diamètre.	Ton et bouts.
MATURE.	m	m	m			
Grand mât....	20,14	0,473	2,94	2,423	0,0234	0,145
Mât de misaine....	19,49	0,460	2,94	2,345	0,0237	0,150
Mât d'artimon....	15,92	0,270	2,00	1,915	0,0170	0,125
Beaupré....	13,64	0,449	»	1,641	0,0329	»
Grand et petit mât de hune....	11,70	0,303	1,62	1,407	0,0259	0,138
Grand et petit mât de perroquet....	8,45	0,189	1,95	1,016	0,0223	0,230
Mât de flèche....	11,70	0,180	1,62	1,407	0,0153	0,138
Bâton de foc....	10,40	0,270	1,05	1,250	0,0259	0,187
VERGUES.						
Grande vergue....	18,52	0,303	1,62	2,222	0,0163	0,087
Vergue de misaine....	16,57	0,290	1,62	1,993	0,0175	0,097
Vergues de grand et de petit hunier....	13,64	0,216	1,62	1,641	0,0158	0,118
Vergue de civadière....	13,64	0,216	1,62	1,641	0,0158	0,118
— de grand et petit perroquet....	9,75	0,141	0,97	1,172	0,0154	0,100
— de contre-civadière....	9,75	0,141	0,97	1,172	0,0154	0,100
Gui....	15,19	0,243	»	1,828	0,0159	»
Corne....	10,07	0,222	»	1,211	0,0207	»
POSITION DES MATS.						
Mât de misaine, distance à l'étrave....	4m57			0,143		
Grand mât, —	18,63			0,584		
Mât d'artimon, —	25,61			0,802		
PENTE DES MATS.						
Mât de misaine....	0m80 par mèt.					
Grand mât....	0,112 —					
Mât d'artimon....	0,236 —					
Inclinaison du beaupré....	0,50 —					

Pour compléter enfin les renseignements sur la mâture des navires de guerre, nous présentons les rapports de la mâture d'un vaisseau de 86 (ancien 80) calculés sur les tarifs de 1835 et 1854, en regard de ceux d'un navire anglais d'égale force. Ces derniers rapports sont extraits d'un ouvrage remarquable, sans nom d'auteur, intitulé : *Études comparatives sur l'Armement des Vaisseaux en France et en Angleterre*, Paris, 1849. Mais, comme la largeur du bâtiment est donnée de 15m86, en dehors des bordages, nous la ramenons, pour les rapports comparés, à celle de 15m31, en dehors des membres, largeur de nos vaisseaux de 80.

Lorsque, dans la marine anglaise, le mât d'artimon repose sur la carlingue de la cale, comme le grand mât et le mât de misaine, le rapport de sa longueur est alors de 1,88 à 1,90 de la largeur du bâtiment, prise en dehors des membres.

RAPPORTS COMPARÉS DE LA MATURE D'UN VAISSEAU DE 80 (ANCIEN MODÈLE).

MATURE.	RÈGLEMENT de 1835.		RÈGLEMENT de 1854.		VAISSEAU ANGLAIS DE 80 1849.	
	Longueur.	Ton et bouts.	Longueur.	Ton et bouts.	Longueur.	Ton et bouts.
Grand mât	2,440	0,139	2,354	0,163	2,365	0,168
Mât de misaine	2,220	0,142	2,192	0,155	2,150	0,175
Mât d'artimon	1,605	0,131	1,600	0,175	1,625	0,147
Beaupré	1,379	»	1,379	»	1,431	»
Grand mât de hune	1,485	0,121	1,378	0,131	1,431	0,131
Petit mât de hune	1,357	0,121	1,216	0,131	1,273	0,131
Mât de hune d'artimon	1,039	0,115	1,012	0,131	1,024	0,131
Grand mât de perroquet	1,208	0,421	1,073	0,406	1,046	0,400
Petit mât de perroquet	1,087	0,435	0,947	0,404	0,959	0,396
Mât de perroquet d'artimon	0,904	0,397	0,816	0,409	0,799	0,394
Bâton de grand foc	1,202	»	1,133	»	0,974	»
Bâton de clin-foc	1,084	»	1,039	0,026	»	»
VERGUES.						
Grande vergue	2,120	0,044	2,016	0,041	2,088	0,040
Vergue de misaine	1,930	0,046	1,738	0,041	1,810	0,040
Vergue sèche	1,619	0,110	1,397	0,042	1,412	0,042
— de civadière	1,463	0,116	»	»	»	»
— de grand hunier	1,619	0,110	1,422	0,083	1,473	0,083
— de petit hunier	1,463	0,116	1,246	0,082	1,286	0,083
— de hunier d'artimon	1,110	0,097	1,012	0,082	1,024	0,083
— de grand perroquet	1,000	0,055	0,903	0,042	0,915	0,041
— de petit perroquet	0,888	0,055	0,803	0,042	0,825	0,041
— de perroquet d'artimon	0,725	0,055	0,659	0,042	0,666	0,042
— de grand cacatois	0,679	»	0,631	0,043	0,600	0,032
— de petit cacatois	0,594	»	0,572	0,043	0,585	0,028
— de cacatois d'artimon	0,529	»	0,482	0,043	0,487	0,033
Gui	1,489	»	1,371	»	1,393	»
Corne de brigantine	1,071	»	1,019	»	0,975	»
— de grande voile goëlette	»	»	0,522	»	»	»
— de misaine goëlette	»	»	0,587	»	»	»

MATURE DES NAVIRES DU COMMERCE.

Pour nous renfermer dans les limites que nous nous sommes posées, nous allons nous borner simplement à choisir parmi de nombreux navires quelques types, dans tous les genres, dont les qualités sont généralement appréciées. Le lecteur en étudiera les dimensions; il pourra les comparer entr'elles et faire aussi lui-même des applications toujours heureuses, sans crainte de nuire à la stabilité du bâtiment, sans blesser les usages.

Nous prendrons sur nous d'ajouter à cette liste les résumés de nos études, dans des tables particulières à chaque espèce de gréement, sans pourtant les imposer comme des lois rigoureuses. Nous l'avons dit, nous devons le répéter encore : rien ne peut être définitivement arrêté à l'égard de la mâture, puisque les systèmes actuels ne reposent en partie que sur une routine, une pratique plus ou moins éclairée que le temps et les circonstances peuvent, doivent même modifier à leur tour.

Nous étayons, au surplus, ce travail des talents habiles de nos devanciers, des secours de leur expérience : pouvons-nous craindre en présence de telles mesures?

Comme précédemment, les rapports des longueurs, des bouts, des diamètres accompagneront chaque bâtiment, et les unités seront les mêmes, savoir :

Les longueurs des mâts et vergues sont rapportées à la largeur du bâtiment, prise toujours en dehors des membres.

Le ton, les flèches, les bouts de vergues et les diamètres se rapportent, en nombres abstraits, à la longueur des pièces respectives.

Tous ces rapports deviennent à leur tour des facteurs à l'égard des dimensions correspondantes.

Après les bâtiments dont nous présentons la série, viendront se placer les tables générales des mâtures suivantes :

1° Trois-mâts et trois-mâts-barques ;
2° Bricks et bricks-goëlettes ;
3° Goëlettes-avisos, goëlettes de transport ;
4° Chasse-marées, lougres, bisquines ;
5° Sloops, dogres ou galiotes.

Telle est à peu près la classification des mâtures appliquées aux bâtiments du commerce, à voiles carrées et auriques.

MATURE D'UN TROIS-MATS (FORFAIT).

	DIMENSIONS.			RAPPORTS.		
Longueur du bâtiment	30m			4,000		
Largeur	7,50			0,250		
	Longueur.	Diamètre.	Ton et bouts.	Longueur.	Diamètre.	Ton et bouts.
MATURE.	m	m	m			
Grand mât	17,26	0,466	2,54	2,302	0,027	0,147
Mât de misaine	15,61	0,453	2,29	2,082	0,029	0,147
Mât d'artimon (à l'entrepont)	11,81	0,307	1,70	1,575	0,026	0,144
Beaupré	10,24	0,471	»	1,366	0,046	»
Grand mât de hune	10,62	0,276	1,40	1,416	0,026	0,132
Petit mât de hune	10,20	0,265	1,34	1,360	0,026	0,132
Mât de hune d'artimon	7,15	0,279	0,94	0,953	0,025	0,132
Grand mât de perroquet	6,40	0,141	2,56	0,854	0,022	0,400
Petit mât de perroquet	6,40	0,141	2,56	0,854	0,022	0,400
Mât de perroquet d'artimon	5,05	0,111	2,02	0,674	0,022	0,400
Bâton de grand foc	7,77	0,202	»	1,036	0,026	»
Bâton de clin-foc	7,46	0,107	»	0,995	0,017	»
VERGUES.						
Grande vergue	14,46	0,304	1,30	1,928	0,021	0,090
Vergue de misaine	13,38	0,294	1,20	1,784	0,022	0,090
Vergue sèche	10,20	0,173	0,97	1,360	0,017	0,095
Vergue de grand hunier	10,71	0,203	1,71	1,428	0,019	0,160
— de petit hunier	10,71	0,203	1,71	1,428	0,019	0,160
— de hunier d'artimon	7,50	0,142	1,16	1,000	0,019	0,155
— de grand perroquet	6,90	0,124	0,54	0,920	0,018	0,078
— de petit perroquet	6,90	0,124	0,54	0,920	0,018	0,078
— de perroquet d'artimon	4,62	0,083	0,36	0,616	0,018	0,078
— de grand cacatois	4,20	0,050	0,19	0,560	0,012	0,046
— de petit cacatois	3,75	0,045	0,18	0,500	0,012	0,048
— de cacatois d'artimon	3,00	0,036	0,15	0,400	0,012	0,050
Gui	8,85	0,159	»	1,180	0,018	»
Corne de brigantine	7,75	0,162	»	1,028	0,021	
BOUTS-DEHORS.						
Arcs-boutants ferrés	7,32	0,117	»	0,976	0,016	»
Bouts-dehors de grande vergue	7,32	0,117	»	0,976	0,016	»
— de vergue de misaine	6,96	0,125	»	0,928	0,018	»
— de vergue sèche	4,35	0,078	»	0,580	0,018	»
— de grand hunier	4,71	0,085	»	0,628	0,018	
— de petit hunier	4,71	0,085	»	0,628	0,018	
— de hunier d'artimon	3,36	0,060	»	0,448	0,018	
— de gui	5,64	0,096	»	0,752	0,017	

NOTA. — Les rapports de longueur des bouts-dehors, comparés aux vergues respectives, sont les suivants : arcs-boutants ferrés et bouts-dehors de grande vergue, 0,506; bouts-dehors de misaine, 0,520; bouts-dehors de vergue sèche, 0,480; bouts-dehors de grand et petit huniers, 0,439; bouts-dehors de hunier d'artimon, 0,444, et bouts-dehors de gui, 0,637.

MATURE D'UN TROIS-MATS (Gicquel des Touches).

	DIMENSIONS.			RAPPORTS.		
Longueur absolue	30m00			3,750		
Largeur, en dehors des membres	8,00			0,266		
Creux	4,			0,500 du bau.		
	Longueur.	Diamètre.	Ton et bouts.	Longueur.	Diamètre.	Ton et bouts.
MATURE.	m	m	m			
Grand mât	18,40	0,497	2,63	2,300	0,0270	0,143
Mât de misaine	15,56	0,436	2,22	2,070	0,0280	0,143
Mât d'artimon	15,64	0,336	1,95	1,955	0,0215	0,125
Beaupré	10,58	0,479	»	1,322	0,0453	»
Grand mât de hune	10,58	0,300	1,32	1,322	0,0285	0,125
Petit mât de hune	9,52	0,270	1,19	1,190	0,0283	0,125
Mât de hune d'artimon	7,94	0,190	0,99	0,992	0,0240	0,125
Grand mât de perroquet	8,82	0,154	3,53	1,102	0,0175	0,400
Petit mât de perroquet	7,94	0,154	3,18	0,992	0,0195	0,400
Mât de perroquet d'artimon	6,62	0,109	2,65	0,827	0,0165	0,400
Bâton de grand foc (sans flèche)	7,94	0,190	»	0,992	0,0240	»
Bâton de grand foc (à flèche)	10,58	0,190	2,65	1,322	0,0180	0,250
Bâton de clin-foc	7,94	0,111	»	0,992	0,0140	»
VERGUES.						
Grande vergue	16,56	0,331	0,58	2,070	0,0200	0,035
Vergue de misaine	14,90	0,313	0,52	1,863	0,0210	0,035
Vergue sèche	10,76	0,183	0,38	1,345	0,0170	0,035
— de grand hunier	11,96	0,203	1,02	1,495	0,0170	0,085
— de petit hunier	10,76	0,190	0,91	1,345	0,0175	0,085
— de hunier d'artimon	7,94	0,139	0,48	0,992	0,0175	0,060
— de grand perroquet	7,41	0,111	0,22	0,926	0,0150	0,030
— de petit perroquet	6,66	0,106	0,20	0,833	0,0160	0,030
— de perroquet d'artimon	5,55	0,077	0,16	0,694	0,0140	0,030
— de grand cacatois	5,55	0,077	0,16	0,694	0,0140	0,030
— de petit cacatois	5,00	0,070	0,15	0,625	0,0140	0,030
— de cacatois d'artimon	4,17	0,052	0,12	0,521	0,0125	0,030
Gui	10,76	0,190	0,16	1,345	0,0175	0,015
Corne de brigantine	7,94	0,168	0,20	0,992	0,0200	0,025

Nota. — Les mâts sont perpendiculaires à l'horizon. Le beaupré forme un angle de 20° avec l'horizon, ayant les 3/10 de sa longueur en dedans de la rablure d'étrave (même remarque pour les bricks).

TROIS-MATS LE *MAGELLAN* ET LA *MADELEINE*.

	Le Magellan.				*La Madeleine.*			
	DIMENSIONS.		RAPPORTS.		DIMENSIONS.		RAPPORTS.	
Longueur absolue..........	35m		4,216		30m		4,110	
Largeur..................	8,30		0,237		7,30		0,243	
Creux....................	4,22		0,508		4,55		0,623	
	Longueur.	Ton et bouts.	Longueur.	Ton et bouts.	Longueur.	Ton et bouts.	Longueur.	Ton et bouts.
MATURE.	m	m			m	m		
Grand mât................	17,05	2,44	2,052	0,143	16,49	2,27	2,257	0,137
Mât de misaine...........	15,43	2,44	1,856	0,158	15,19	2,27	2,080	0,149
Mât d'artimon............	13,81	1,80	1,661	0,129	13,89	1,62	1,900	0,117
Beaupré..................	9,91	»	1,200	»	9,50	»	»	»
Mâts de hune.............	9,75	1,46	1,172	0,150	9,50	1,46	1,300	0,153
Mât de hune d'artimon....	7,63	1,14	0,918	0,155	7,40	1,15	1,013	
Mâts de perroquet........	6,00	0,97	0,722	0,160	8,28	3,10	1,134	0,372
Mât de perroquet d'artimon...	4,71	0,65	0,566	0,138	6,00	2,10	0,822	0,316
Mâts de cacatois.........	9,58	2,44	1,152	0,254	»	»	»	»
Mât de cacatois d'artimon....	7,31	1,62	0,879	0,222	»	»	»	»
Bâton de grand foc.......	8,45	0,33	1,016	»	9,66	2,60	1,323	0,270
Bâton de clin-foc........	8,45	1,62	1,016	0,192	»	»	»	»
VERGUES.								
Basses vergues...........	14,94	0,65	1,800	0,043	13,65	1,30	1,866	0,095
Vergue sèche.............	11,37	0,49	1,368	0,043	10,72	1,00	1,482	0,093
Vergues de hunier........	11,53	0,97	1,387	0,084	10,88	1,95	1,490	0,179
Vergue de hunier d'artimon..	8,44	0,65	1,016	0,077	7,63	1,30	1,045	0,170
— de perroquet........	7,63	0,33	0,918	0,043	7,15	0,97	0,978	0,135
— de perroquet d'artim'.	5,85	0,25	0,704	0,042	5,20	0,49	0,712	0,094
— de cacatois.........	5,85	0,25	0,704	0,042	5,20	0,49	0,712	0,094
— de cacatois d'artimon.	4,71	0,20	0,566	0,042	4,22	0,33	0,578	0,078
Gui......................	10,21	0,33	1,228	0,030	9,75	0,50	1,335	0,050
Corne de brigantine......	7,00	0,50	0,840	0,071	6,50	0,50	0,900	0,077
— de gde voile goëlette..	6,50	0,33	0,782	0,050	5,36	0,50	0,734	0,093
— de misaine goëlette....	7,15	0,33	0,860	0,046	7,30	0,50	1,000	0,068
Bouts-deh. de basses vergues.	7,47	0,12	0,900	»	7,15	»	0,979	»
— de vergues de hune	5,68	0,08	0,684	»	5,50	»	0,753	»

NOTA. — Les longueurs des bouts-dehors, comparées à celle des vergues respectives, sont dans les rapports suivants :

	Magellan.	*Madeleine.*
Bouts-dehors de basses vergues...........	0,500	0,523
— de vergues de hune...........	0,492	0,505

TROIS-MATS *GUAYAQUIL* ET *GOLCONDE*.

	Guayaquil.				*Golconde.*			
	DIMENSIONS.		RAPPORTS.		DIMENSIONS.		RAPPORTS.	
Longueur	43m00		4,300		46m00		4,742	
Largeur	10,00		0,232		9,70		0,210	
Creux	6,05		0,605		5,85		0,603	
	Longueur.	Ton et bouts.	Longueur.	Ton et bouts.	Longueur.	Ton et bouts.	Longueur.	Ton et bouts.
MATURE.	m	m			m	m		
Grand mât	23,04	3,75	2,304	0,162	22,00	3,20	2,268	0,145
Mât de misaine	22,17	3,75	2,217	0,168	20,94	3,10	2,158	0,148
Mât d'artimon	20,36	3,30	2,036	0,163	19,88	2,71	2,045	0,136
Beaupré	13,00	»	1,300	»	12,60	»	1,299	»
Mâts de hune	13,00	2,35	1,300	0,180	12,60	2,15	1,299	0,170
Mât de hune d'artimon	11,10	2,00	1,110	0,180	11,10	1,90	1,144	0,170
Mâts de perroquet	12,43	4,97	1,243	0,400	10,50	3,78	1,082	0,360
Mâts de perroquet d'artimon	9,70	3,88	0,970	0,400	9,30	3,34	0,958	0,360
Bâton de grand foc	15,86	»	1,586	»	15,00	4,50	1,546	0,300
Bâton de clin-foc	13,39	»	1,339	»	»	»	»	»
VERGUES.								
Basses vergues	20,00	0,80	2,000	0,040	20,00	0,80	2,062	0,040
Vergue sèche	16,00	0,72	1,600	0,045	16,50	0,66	1,701	0,040
Vergues de hune	16,00	1,12	1,600	0,070	16,50	1,35	1,701	0,082
— de hune d'artimon	12,75	0,76	1,275	0,060	12,80	1,05	1,237	0,082
— de perroquet	11,78	0,47	1,178	0,040	11,30	0,45	1,165	0,040
— de perroquet d'artim.	9,85	0,39	0,985	0,040	8,85	0,35	0,912	0,040
— de cacatois	9,85	0,39	0,985	0,040	9,30	0,37	0,958	0,040
— de cacatois d'artimon	8,50	0,26	0,850	0,030	9,30	0,37	0,958	0,040
Gui	12,00	0,36	1,200	0,030	12,00	0,36	1,237	0,030
Corne de brigantine	9,50	0,95	0,950	0,100	9,00	0,90	0,927	0,100
— de gde voile goëlette	5,70	0,28	0,570	0,050	»	»	»	»
Bouts-deh. de bonn. de hune	10,20	»	1,020	»	»	»	»	»
— de perroquet	8,40	»	0,840	»	»	»	»	»
— de cacatois	6,50	»	0,650	»	»	»	»	»

RAPPORTS DE LA POSITION DES MATS AVEC LA LONGUEUR DU BATIMENT.

	Guayaquil.	*Golconde.*
Mât de misaine, distance à l'étrave	0,197	0,218
Grand mât, —	0,580	0,570
Mât d'artimon, —	0,830	0,818

TROIS-MATS LE *SAINT-LOUIS* ET LE *TÉLÉGRAPHE*.

	Le *Saint-Louis*.				Le *Télégraphe* (clipper).			
	DIMENSIONS.		RAPPORTS.		DIMENSIONS.		RAPPORTS.	
Longueur	41m45		4,596		47m00		5,000	
Largeur	8,80		0,197		9,40		0,200	
Creux	5,36		0,609		5,75		0,610	
	Longueur.	Ton et bouts.	Longueur.	Ton et bouts.	Longueur.	Ton et bouts.	Longueur.	Ton et bouts.
MATURE.	m	m			m	m		
Grand mât	21,00	3,25	2,386	0,154	21,62	3,25	2,300	0,150
Mât de misaine	20,00	3,25	2,272	0,162	20,68	3,10	2,200	0,150
Mât d'artimon	18,80	2,84	2,136	0,151	18,80	2,65	2,000	0,140
Beaupré	11,30	»	1,283	»	13,63	»	1,450	»
Mâts de hune	11,46	2,10	1,302	0,183	13,63	2,18	1,450	0,160
Mât de hune d'artimon	9,25	1,78	1,051	0,192	11,28	1,80	1,200	0,160
Mâts de perroquet	10,88	4,35	1,236	0,400	13,16	5,26	1,400	0,400
Mât de perroquet d'artimon	9,00	3,48	1,022	0,386	10,34	4,14	1,100	0,400
Bâton de grand foc	18,50	»	2,102	»	16,00	4,16	1,700	0,260
VERGUES.								
Basses vergues	17,54	0,48	1,988	0,027	20,68	0,72	2,200	0,035
Vergue sèche	14,60	0,43	1,658	0,038	16,45	0,57	1,750	0,035
Vergues de hune	14,60	1,13	1,658	0,077	16,45	1,24	1,750	0,075
— de hune d'artimon	12,00	0,80	1,363	0,066	12,70	0,95	1,350	0,075
— de perroquet	10,40	0,65	1,181	0,062	12,22	0,61	1,300	0,050
— de perroquet d'artim.	8,35	0,33	0,948	0,039	9,40	0,47	1,000	0,050
— de cacatois	7,15	0,18	0,812	0,025	8,46	0,44	0,900	0,040
— de cacatois d'artimon	6,34	0,16	0,720	0,025	7,52	0,30	0,800	0,040
Gui	10,40	0,33	1,181	0,031	13,16	0,46	1,400	0,035
Corne de brigantine	9,40	1,45	1,068	0,154	9,40	0,75	1,000	0,080
Bouts-deh. de basses vergues	9,40	»	1,068	»	»	»	»	»
— de vergues de hune	7,80	»	0,886	»	»	»	»	»

RAPPORTS DE LA POSITION DES MATS DU **TÉLÉGRAPHE** AVEC LA LONGUEUR DU BATIMENT.

Mât de misaine, distance à l'étrave 0,200
Grand mât, — 0,575
Mât d'artimon, — 0,820

NOTA. — La longueur des bouts-dehors de bonnettes, comparée à celle des vergues respectives, est dans les rapports suivants :

Bouts-dehors de basses vergues.................. 0,535
— de vergues de hune.................. 0,534

TROIS-MATS-BARQUES LA *CAUCHOISE* ET LE *TERRE-NEUVIER*.

	La Cauchoise.				*Le Terre-Neuvier.*			
	DIMENSIONS.		RAPPORTS.		DIMENSIONS.		RAPPORTS.	
Longueur absolue	35m45		4,220		25m00		3,333	
Largeur	8,40		0,237		7,50		0,300	
Creux	5,30		0,630		4,65		0,620	
	Longueur.	Ton et bouts.	Longueur.	Ton et bouts.	Longueur.	Ton et bouts.	Longueur	Ton et bouts
MATURE.	m	m			m	m		
Grand mât	19,24	3,04	2,290	0,158	18,75	2,95	2,500	0,158
Mât de misaine	18,40	3,04	2,190	0,165	17,44	2,65	2,325	0,152
Mât d'artimon	18,40	2,67	2,190	0,145	16,30	2,35	2,175	0,145
Beaupré	11,34	»	1,350	»	11,20	»	1,480	»
Mâts de hune	10,92	1,86	1,300	0,170	11,20	1,68	1,480	0,150
Mâts de perroquet	10,92	3,82	1,300	0,350	8,25	2,76	1,100	0,335
Mât de flèche	14,30	4,72	1,700	0,330	12,35	3,70	1,650	0,300
Bâton de grand foc	15,96	4,23	1,900	0,265	11,20	3,14	1,480	0,280
VERGUES.								
Basses vergues	17,65	0,56	2,100	0,032	15,00	0,60	2,000	0,040
Vergues de hune	14,30	1,00	1,700	0,070	11,20	0,90	1,480	0,080
— de perroquet	9,10	0,40	1,200	0,045	7,50	0,34	1,000	0,045
— de cacatois	7,56	0,30	0,900	0,040	6,20	0,25	0,826	0,040
Gui	10,92	0,40	1,300	0,036	9,30	0,37	1,240	0,040
Corne de brigantine	8,40	0,60	1,000	0,071	7,12	0,57	9,950	0,080
Cornes de senau	5,70	0,25	0,680	0,050	4,87	0,25	0,650	0,050
Corne de flèche	2,85	0,15	0,340	0,050	2,44	0,12	0,325	0,050
POSITION DES MATS.								
Mât de misaine, distce à l'étr.	6m38		0,180		4m00		0,160	
Grand mât, —	19,85		0,560		14,50		0,580	
Mât d'artimon	29,07		0,820		20,50		0,820	
PENTE DES MATS.								
Mât de misaine	0m06 par mètre.		»		0m08 par mètre.		»	
Grand mât	0,08 —		»		0,10 —		»	
Mât d'artimon	0,10 —		»		0,12 —		»	
Inclinaison du beaupré	0,33 —		»		0,33 —		»	

NOTA. — Les mâts de senau du grand mât et du mât de misaine ont de longueur la hauteur guindant de la hune aux bordages du pont.

TROIS-MATS-BARQUES, LES *ANTILLES* ET LA *BAYONNAISE*.

	Les Antilles.				*La Bayonnaise.*			
	DIMENSIONS.		RAPPORTS.		DIMENSIONS.		RAPPORTS.	
Longueur	28m00		3,500		29m00		3,795	
Largeur	8,00		0,285		7,64		0,263	
Creux	4,45		0,556		4,30		0,562	
	Longueur.	Ton et bouts.	Longueur.	Ton et bouts.	Longueur.	Ton et bouts.	Longueur.	Ton et bouts.
MATURE.	m	m			m	m		
Grand mât	18,84	2,80	2,355	0,148	16,73	2,27	2,191	0,136
Mât de misaine	17,54	2,80	2,192	0,158	15,43	2,27	2,020	0,147
Mât d'artimon	17,54	2,45	2,192	0,140	14,45	1,95	1,890	0,135
Beaupré	9,74	»	1,218	»	10,88	»	1,425	»
Mâts de hune	10,45	1,62	1,300	0,156	9,74	1,50	1,276	0,154
Mât de flèche	13,80	3,74	1,725	0,270	10,40	2,43	1,702	0,233
Mâts de perroquet	9,74	3,25	1,218	0,333	9,74	3,25	1,276	0,333
Mâts de cacatois	6,50	»	0,812	»	»	»	»	»
Bâton de foc	12,35	»	1,543	»	9,74	1,95	1,276	0,200
— de clin-foc	9,74	0,82	1,218	0,085	9,74	0,97	1,276	0,100
VERGUES.								
Basses vergues	15,64	0,67	1,955	0,043	15,00	0,60	1,963	0,040
Vergues de hune	11,50	0,80	1,437	0,070	11,00	0,88	1,440	0,080
— de perroquet	8,20	0,40	1,025	0,048	7,00	0,35	0,916	0,050
— de cacatois	6,00	0,30	0,750	0,050	6,00	0,30	0,785	0,050
Gui	9,00	0,36	1,125	0,040	9,00	0,36	1,145	0,040
Corne de brigantine	8,00	0,70	1,000	0,087	6,88	0,54	0,900	0,060
— de flèche	»	»	»	»	2,30	0,12	0,300	0,050
— de benjamine	»	»	»	»	4,90	0,30	0,640	0,060
Bouts-deh. de basses vergues	»	»	»	»	7,50	»	0,981	»
— de verg. de hune	»	»	»	»	5,50	»	0,720	»

NOTA. — La *Bayonnaise* porte un senau au grand mât.

La voile de flèche des *Antilles* se termine en pointe vers le haut. Les bouts-dehors de bonnettes ont de longueur la moitié des vergues auxquelles ils appartiennent.

BRICKS LE *COURRIER-DU-MEXIQUE* ET LE *BRÉSILIEN*.

	Le *Courrier-du-Mexique*.				Le *Brésilien*.			
	DIMENSIONS.		RAPPORTS.		DIMENSIONS.		RAPPORTS.	
Longueur	26m40		3,567		34m00		4,019	
Largeur	7,40		0,280		8,46		0,248	
Creux	4,14		0,559		5,10		0,602	
	Longueur.	Ton et bouts.	Longueur.	Ton et bouts.	Longueur.	Ton et bouts.	Longueur.	Ton et bouts.
MATURE.	m	m			m	m		
Grand mât	17,06	2,44	2,304	0,142	20,47	3,00	2,426	0,146
Mât de misaine	15,60	2,44	2,108	0,156	18,60	3,00	2,198	0,161
Beaupré	9,75	»	1,317	»	13,00	»	1,538	»
Mâts de hune	9,75	1,55	1,317	0,158	11,70	1,64	1,426	0,140
Mâts de perroquet	9,75	3,40	1,317	0,350	8,46	1,30	1,000	0,155
Mâts de cacatois	»	»	»	»	6,50	1,95	0,769	0,300
Bâton de foc	11,05	2,20	1,500	0,200	13,65	3,25	1,615	0,238
VERGUES.								
Basses vergues	14,30	0,56	1,932	0,040	16,92	0,85	2,000	0,050
Vergues de hune	11,05	0,77	1,493	0,070	13,00	1,30	1,538	0,100
— de perroquet	7,40	0,30	1,000	0,040	8,77	0,44	1,038	0,050
— de cacatois	4,45	0,18	0,600	0,040	5,85	0,30	0,692	0,050
Gui	13,65	0,40	1,837	0,030	17,05	0,50	2,192	0,030
Corne de brigantine	8,15	0,42	1,100	0,050	11,70	1,17	1,384	0,100
Bouts-deh. de basses vergues	»	»	»	»	9,00	»	1,063	»
— de vergues de hune	»	»	»	»	7,00	»	0,827	»
POSITION DES MATS.								
Mât de misaine, distce à l'étr.	5m15		0,195		6m05		0,178	
Grand mât, —	14,78		0,560		21,40		0,600	
PENTE DES MATS.								
Mât de misaine	0m08 par mètre.		»		0m06 par mètre.		»	
Grand mât	0,08 —		»		0,12 —		»	
Inclinaison du beaupré	0,335 —		»		0,35 —		»	

NOTA. — Les longueurs des bouts-dehors de vergues, comparées à la longueur des vergues respectives, donnent pour le *Brésilien* les rapports suivants :

Bouts-dehors de basses vergues 0,531

— de vergues de hune 0,538

BRICKS LES *AMIS* ET LA *LOUISE*.

	Brick les *Amis*.				Brick la *Louise*.			
	DIMENSIONS.		RAPPORTS.		DIMENSIONS.		RAPPORTS.	
Longueur	25m00		3,491		24m00		3,478	
Largeur	7,16		0,286		6,90		0,287	
Creux	3,60		0,502		4,00		0,579	
	Longueur.	Ton et bouts.	Longueur.	Ton et bouts.	Longueur.	Ton et bouts.	Longueur.	Ton et bouts.
MATURE.	m	m			m	m		
Grand mât	16,47	2,70	2,300	0,163	16,24	2,30	2,353	0,141
Mât de misaine	15,04	2,70	2,100	0,179	14,95	2,30	2,166	0,154
Beaupré	9,64	»	1,350	»	9,94	»	1,440	»
Mâts de hune	9,30	1,60	1,300	0,172	9,94	1,60	1,440	0,173
Mâts de perroquet	9,30	3,72	1,300	0,400	8,42	2,60	1,220	0,308
Bâton de foc	9,77	3,00	1,365	0,307	11,04	2,60	1,600	0,235
VERGUES.								
Basses vergues	15,04	0,45	2,100	0,030	13,92	0,65	2,017	0,046
Vergues de hune	10,74	0,86	1,500	0,080	10,48	1,05	1,520	0,100
— de perroquet	7,88	0,32	1,100	0,040	6,20	0,28	0,900	0,046
— de cacatois	5,74	0,24	0,800	0,040	5,20	0,20	0,750	0,040
Gui	14,32	0,42	2,000	0,030	13,07	0,65	1,895	0,050
Corne	9,30	0,65	1,300	0,070	6,90	0,70	1,000	0,100
Bouts-deh. de basses vergues	7,52	»	1,050	»	»	»	»	»
— de vergues de hune	5,37	»	0,750	»	»	»	»	»
POSITION DES MATS.								
Mât de misaine, dist^{ce} à l'étr.	4m92		0,197		4m56		0,190	
Grand mât, —	14,95		0,598		14,42		0,605	
Les mâts sont droits.								
Inclinaison du beaupré	0m335 par mètre.				0m300			

NOTA. — Le brick les *Amis* porte au grand mât un senau, éloigné de 0m55 de l'axe du grand mâ

BRICKS-GOELETTES LA *PAULINE* ET LE *BON-PÈRE*.

	La Pauline.				*Le Bon-Père.*			
	DIMENSIONS.		RAPPORTS.		DIMENSIONS.		RAPPORTS.	
Longueur	21m05		3,166		20m00		3,125	
Largeur	6,65		0,316		6,40		0,320	
Creux	3,40		0,512		3,20		0,500	
	Longueur.	Ton et bouts.	Longueur.	Ton et bouts.	Longueur.	Ton et bouts.	Longueur.	Ton et bouts.
MATURE.	m	m			m	m		
Grand mât	18,20	2,60	2,70	0,142	17,80	2,50	2,78	0,140
Mât de misaine	13,65	1,95	2,06	0,142	14,08	2,50	2,20	0,170
Beaupré	9,10	»	1,37	»	8,30	»	1,28	»
Mât de flèche	12,35	3,25	1,86	0,263	11,70	2,00	1,83	0,170
Petit mât de hune	9,10	0,97	1,37	0,106	11,70	5,20	1,83	0,440
Petit mât de perroquet	7,80	1,95	1,17	0,250	»	»	»	»
Bâton de foc	12,35	»	1,86	»	13,32	1,80	2,23	0,135
Bâton de clin-foc	8,15	0,40	1,24	0,050	»	»	»	»
Vergue de misaine	13,65	0,40	2,06	0,030	12,80	0,50	2,00	0,040
— de hune	10,05	0,65	1,48	0,065	9,26	0,92	1,44	0,100
— de perroquet	6,50	0,30	0,98	0,045	6,40	0,36	1,00	0,060
— de cacatois	4,85	0,16	0,73	0,035	»	»	»	»
Gui	10,40	0,30	1,56	0,030	11,37	0,34	1,70	0,030
Corne de brigantine	7,30	0,75	1,10	0,100	8,28	0,82	1,29	0,100
— de misaine	6,50	0,30	0,98	0,045	»	»	»	»
— de flèche	3,00	0,16	0,45	0,045	3,07	0,15	0,48	0,050
Bouts-dch. de basses vergues	6,20	»	0,95	»	»	»	»	»
— de vergues de perr.	5,00	»	0,79	»	»	»	»	»
Vergues de bonnettes de hune	4,00	»	0,60	»	»	»	»	»
— de bonnettes de perr.	3,00	»	0,45	»	»	»	»	»
POSITION DES MATS.								
Mât de misaine, distce à l'étr.	12m06		0,192		3m60		0,180	
Grand mât, —	12,50		0,593		12,00		0,600	
PENTE DES MATS.								
Mât de misaine	0m06 par mètre.		»		0m06 par mètre.		»	
Grand mât	0,10 —		»		0,10 —		»	
Beaupré	0,32 —		»		0,30 —		»	

NOTA. — On grée en Bretagne beaucoup de caboteurs en bricks-goëlettes. Ces bâtiments se manœuvrent avec facilité. On a paru satisfait de la *Pauline* et du *Bon-Père*.

Le petit mât de hune du *Bon-Père* forme également mât de perroquet. La flèche de 5m20 se partage en deux : l'une de 4m20, et la supérieure de 1m00.

Bien des caboteurs se restreignent aux dimensions principales du *Bon-Père*, pour ne pas excéder la jauge de 80 tonneaux et payer des droits de pilotage. Encore leur faut-il lambris et plate-forme !

GOELETTES-AVISOS LA *SÉNÉGALAISE* ET L'*ESTAFETTE*.

	La Sénégalaise.				*L'Estafette.*			
	DIMENSIONS.		RAPPORTS.		DIMENSIONS.		RAPPORTS.	
Longueur	26m00		3,333		25m20		3,600	
Largeur	7,80		3,000		7,00		0,277	
Creux	2,92		0,374		2,80		0,400	
	Longueur.	Ton et bouts.	Longueur.	Ton et bouts.	Longueur.	Ton et bouts.	Longueur.	Ton et bouts.
MATURE.	m	m			m	m		
Grand mât	23,70	2,60	3,038	0,110	21,00	2,75	3,000	0,130
Mât de misaine	22,00	2,60	2,820	0,118	20,30	2,64	2,902	0,130
Beaupré	9,10	»	1,169	»	10,50	»	1,500	»
Mâts de hune	12,58	4,10	1,612	0,325	11,20	3,36	1,600	0,300
Mâts de perroquet	»	»	»	»	»	»	»	»
Mâts de cacatois	10,95	3,65	1,275	0,333	»	»	»	»
Bâton de foc	8,45	»	1,083	0,272	7,00	»	1,000	»
Bâton de clin-foc	9,64	»	1,235	»	»	»	»	»
VERGUES.								
Vergue sèche	10,60	0,95	1,359	0,080	11,07	0,66	1,582	0,060
Vergue de fortune	15,60	0,95	2,000	0,075	11,07	0,66	1,582	0,060
— de grand hunier	10,90	1,20	1,397	0,111	8,16	0,82	1,166	0,100
— de petit hunier	10,90	1,20	1,397	0,111	8,16	0,82	1,166	0,100
— de grand perroquet	7,55	0,48	0,968	0,060	5,10	0,35	0,729	0,070
— de petit perroquet	7,55	0,48	0,968	0,060	5,10	0,35	0,729	0,070
— de cacatois	5,72	0,32	0,733	0,060	»	»	»	»
Gui	16,24	1,62	2,082	0,100	15,75	0,78	2,250	0,050
Corne de brigantine	10,60	1,70	1,359	0,160	8,16	0,82	1,166	0,100
— de misaine goëlette	9,42	1,20	1,207	0,127	7,00	0,35	1,000	0,050
Bouts-deh. de basses vergues	7,47	»	0,957	»	»	»	»	»
Vergues de bonnettes de hune	3,57	0,16	0,457	0,050	»	»	»	»
— de bonnettes de perr.	2,82	0,16	0,361	0,050	»	»	»	»
PENTE DES MATS.								
Mât de misaine	0m18 par mètre.		»		0m12 par mètre.		»	
Grand mât	0,18	—	»		0,16	—	»	
Beaupré	0,25	—	»		0,28	—	»	

NOTA. — Les mâts de hune de la *Sénégalaise* forment mât de perroquet.

RAPPORTS DES BOUTS-DEHORS ET VERGUES DE BONNETTES AUX LONGUEURS DES VERGUES (*Sénégalaise*).

Bouts-dehors de basses vergues	0,478
Vergues de bonnettes de hune	0,327
Vergues de bonnettes de perroquet	0,373

GOELETTES-AVISOS L'*AGILE* ET LE *TÉMÉRAIRE*.

	L'*Agile* (Anglais).				Le *Téméraire* (Américain).			
	DIMENSIONS.		RAPPORTS.		DIMENSIONS.		RAPPORTS.	
Longueur	25m24		3,800		24m80		4,000	
Largeur	6,64		0,263		6,20		0,250	
Creux	3,10		0,467		2,90		0,467	
	Longueur.	Ton et bouts.	Longueur.	Ton et bouts.	Longueur.	Ton et bouts.	Longueur.	Ton et bouts.
MATURE.	m	m			m	m		
Grand mât	20,80	2,30	3,132	0,110	20,15	2,20	3,250	0,109
Mât de misaine	20,15	2,30	3,034	0,114	20,15	2,20	3,250	0,109
Beaupré	6,64	»	1,000	»	7,47	»	1,204	»
Grand mât de hune	10,87	2,92	1,637	0,268	8,45	2,76	1,362	0,326
Petit mât de hune	9,74	3,47	1,466	0,356	8,45	2,76	1,362	0,326
Bâton de foc	10,87	3,57	1,637	0,330	9,74	2,00	1,571	0,205
VERGUES.								
Grande vergue	13,40	0,74	2,018	0,055	11,04	0,32	1,780	0,030
Vergue de misaine	12,42	0,70	1,867	0,056	13,00	0,65	2,096	0,050
— de grand hunier	9,42	0,90	1,418	0,095	7,47	0,65	1,205	0,090
— de petit hunier	7,47	0,70	1,125	0,093	7,47	0,65	1,205	0,090
— de perroquet	5,85	0,30	0,881	0,050	»	»	»	»
Gui	15,60	0,60	2,349	0,040	15,27	0,95	2,463	0,062
Corne de brigantine	6,82	0,50	1,027	0,073	7,80	0,40	1,258	0,050
— de misaine goëlette	6,50	0,30	0,978	0,046	6,50	0,30	1,048	0,046
Tangon	15,60	»	1,731	»	9,74	»	1,571	»
POSITION DES MATS.								
Mât de misaine	5m04		0,200		5m38		0,217	
Grand mât, distce à l'étrave	15,15		0,600		14,56		0,587	
PENTE DES MATS.								
Mât de misaine	0m08 par mètre.		»		0m14 par mètre.		»	
Grand mât	0,12 —		»		0,14 —		»	
Beaupré	0,22 —		»		0,20 —		»	

GOELETTES-TRANSPORTS LA *BERTHE* ET LE *VICTOR*.

	La *Berthe*.				Le *Victor*.			
	DIMENSIONS.		RAPPORTS.		DIMENSIONS.		RAPPORTS.	
Longueur	20m00		3,333		25m10		3,803	
Largeur	6,00		0,300		6,60		0,262	
Creux	3,00		0,500		3,40		0,515	
	Longueur.	Ton et bouts.	Longueur.	Ton et bouts.	Longueur.	Ton et bouts.	Longueur.	Ton et bouts.
MATURE.								
	m	m			m	m		
Grand mât	19,30	2,70	3,214	0,140	19,80	2,97	3,000	0,150
Mât de misaine	18,00	2,70	3,000	0,150	18,48	2,97	2,800	0,160
Beaupré	7,70	»	1,285	»	8,58	»	1,300	»
Grand mât de hune	9,85	1,08	1,642	0,140	13,20	2,10	2,000	0,160
Petit mât de hune	9,85	1,08	1,642	0,140	11,88	2,10	1,800	0,176
Bâton de foc	7,70	0,30	1,285	0,040	8,25	0,32	1,250	0,040
VERGUES.								
Grande vergue	»	»	»	»	10,56	0,32	1,600	0,031
Vergue de misaine	12,00	0,60	2,000	0,050	12,54	0,36	1,900	0,030
— de grand hunier	»	»	»	»	9,24	0,64	1,400	0,070
— de petit hunier	10,70	0,70	1,785	0,070	9,24	0,64	1,400	0,070
— de grand perroquet	»	»	»	»	6,60	0,33	1,000	0,050
— de petit perroquet	6,42	0,32	1,071	0,050	6,60	0,33	1,000	0,050
Gui	12,00	0,50	2,000	0,041	11,88	0,56	1,800	0,050
Corne de brigantine	7,00	0,50	1,285	0,070	6,60	0,46	1,000	0,070
— de misaine goëlette	6,00	0,30	1,000	0,050	5,94	0,30	0,900	0,050
— de flèche	3,00	0,15	0,500	0,050	»	»	»	»
PENTE DES MATS.								
Mât de misaine	0m06 par mètre.		»		0m04 par mètre.		»	
Grand mât	0,06 —		»		0,12 —		»	
Mât de beaupré	0,25 —		»		0,25 —		»	

LOUGRES LE *POURVOYEUR* ET LE *SAINT-ÉMILION*.

	Le *Pourvoyeur*.				Le *Saint-Émilion*.			
	DIMENSIONS.		RAPPORTS.		DIMENSIONS.		RAPPORTS.	
Longueur	18m00		3,461		20m00		3,333	
Largeur	5,20		0,288		6,00		0,300	
Creux	2,60		0,500		3,00		0,500	
	Longueur.	Ton et bouts.	Longueur.	Ton et bouts.	Longueur.	Ton et bouts.	Longueur.	Ton et bouts.
	m	m			m	m		
Grand mât	20,00	3,30	3,846	0,165	22,00	3,70	3,670	0,168
Mât de misaine	15,00	1,00	2,884	0,066	17,52	1,14	2,920	0,065
Bout-dehors	13,00	0,30	2,500	0,025	7,80	0,30	2,300	0,040
Mât de tapecul	11,00	2,00	2,115	0,181	11,64	1,75	1,940	0,151
VERGUES.								
Vergue de taille-vent	9,00	0,30	1,730	0,035	10,20	0,30	1,700	0,030
— de misaine	11,00	0,33	2,115	0,030	11,64	0,34	1,940	0,030
— de tapecul	7,00	0,16	1,346	0,025	8,14	0,24	1,357	0,030
— de hunier au tiers	7,70	0,16	1,481	0,025	8,50	0,25	1,415	0,030
Arc-boutant de tapecul	4,70	0,16	0,903	0,038	6,60	0,20	1,100	0,030
POSITION DES MATS.								
Mât de misaine, distce à l'étr.	2m00		0,111		2m00		0,100	
Grand mât, —	10,00		0,555		11,80		0,590	
PENTE DES MATS.								
Mât de misaine	0m062 par mètre.		»		0m062		»	
Grand mât	0,167 —		»		0,167		»	
Mât de tapecul	0,208 —		»		0,208		»	

SLOOP LE *BRETON* ET CUTTER LA *GEMMA*.

	Sloop le *Breton*.				Cutter la *Gemma*.			
	DIMENSIONS.		RAPPORTS.		DIMENSIONS.		RAPPORTS.	
Longueur	15m00		3,000		29m30		2,930	
Largeur	5,00		0,333		10,00		0,375	
Creux	2,50		0,500		4,20		0,420	
	Longueur.	Ton et bouts.	Longueur.	Ton et bouts.	Longueur.	Ton et bouts.	Longueur.	Ton et bouts.
	m	m			m	m		
Grand mât	16,50	2,70	3,300	0,163	30,20	3,38	3,020	0,112
Mât de hune	10,00	1,63	2,000	0,163	17,22	5,70	1,722	0,333
Bout-dehors	9,24	»	1,846	»	24,68	»	2,468	»
Grande vergue	8,76	0,43	1,752	0,050	18,52	1,61	1,852	0,087
Vergue de hune	6,00	0,30	1,200	0,050	14,95	1,90	1,495	0,130
— de perroquet	»	»	»	»	10,00	0,65	1,000	0,065
Gui	13,25	0,40	2,650	0,030	26,00	2,60	2,600	0,100
Corne	8,00	0,40	1,600	0,050	14,45	0,36	1,445	0,025

TABLE DE MATURE DES TROIS-MATS ET TROIS-MATS-BARQUES.

NOMENCLATURE.	TROIS-MATS.			TROIS-MATS-BARQUES.		
	Longueur.	Diamètre.	Ton et bouts.	Longueur.	Diamètre.	Ton et bouts.
Grand mât	2,300	0,026	0,150	2,300	0,026	0,150
Mât de misaine	2,200	0,027	0,150	2,200	0,027	0,150
Mât d'artimon	2,000	0,021	0,150	2,200	0,021	0,150
Beaupré	1,300	0,044	»	1,300	0,044	»
Mâts de hune	1,300	0,027	0,170	1,300	0,027	0,170
Mât de hune d'artimon	1,100	0,027	0,170	1,700	0,017	0,300
Mâts de perroquet	1,200	0,020	0,400	1,200	0,020	0,400
Mât de perroquet d'artimon	1,000	0,018	0,400	»	»	»
Bâton de grand foc	1,500	0,020	0,300	1,500	0,020	0,300
Bâton de clin-foc	1,400	0,017	»	»	»	»
VERGUES.						
Basses vergues	2,000	0,020	0,040	2,000	0,020	0,040
Vergue sèche ou barrée	1,650	0,018	0,040	»	»	»
Vergues de hune	1,600	0,018	0,080	1,600	0,018	0,080
— de hune d'artimon	1,300	0,018	0,080	»	»	»
— de perroquet	1,180	0,017	0,040	1,180	0,017	0,040
— de perroquet d'artimon	0,900	0,017	0,040	»	»	»
— de cacatois	0,900	0,015	0,040	0,900	0,015	0,040
— de cacatois d'artimon	0,800	0,015	0,040	»	»	»
Gui	1,200	0,022	0,040	1,200	0,022	0,040
Corne de brigantine	1,000	0,022	0,100	1,000	0,022	0,100
— de grande voile ou benjamine	0,650	0,028	0,040	0,650	0,028	0,040
— de flèche				0,300	0,018	0,050
BOUTS-DEHORS.						
Bouts-dehors de basses vergues	1,000	0,020	»	1,000	0,020	»
— de vergues de hune	0,825	0,020	»	0,825	0,020	»

NOTA. — Dans la flèche des mâts de perroquet, ainsi qu'aux bâtons de foc et de clin-foc, on réserve une contre-flèche supérieure qui varie de 0m30 à 0m50.

TABLE DE MATURE DES BRICKS ET BRICKS-GOELETTES.

NOMENCLATURE.	BRICKS.			BRICKS-GOELETTES.		
	Longueur.	Diamètre.	Ton, bouts et flèche.	Longueur.	Diamètre.	Ton, bouts et flèche.
Grand mât	2,300	0,025	0,150	2,800	0,022	0,150
Mât de misaine	2,200	0,026	0,150	2,200	0,026	0,150
Beaupré	1,300	0,042	»	1,300	0,042	»
Grand mât de hune et mât de flèche	1,300	0,026	0,170	1,800	0,020	0,200
Petit mât de hune	1,300	0,026	0,170	1,300	0,024	0,170
Grand mât de perroquet	1,300	0,018	0,400	»	»	»
Petit mât de perroquet	1,300	0,018	0,400	1,300	0,018	0,400
Bâton de grand foc	1,500	0,020	0,200	1,500	0,018	0,250
VERGUES.						
Grande vergue	2,100	0,020	0,040	»	»	»
Vergue de misaine	2,100	0,020	0,040	2,100	0,020	0,040
— de grand hunier	1,500	0,018	0,080	»	»	»
— de petit hunier	1,500	0,018	0,080	1,500	0,018	0,080
— de grand perroquet	1,100	0,017	0,040	»	»	»
— de petit perroquet	1,100	0,017	0,040	1,100	0,017	0,040
— de grand cacatois	0,800	0,015	0,040	»	»	»
— de petit cacatois	0,800	0,015	0,040	0,800	0,015	0,040
Gui	2,000	0,022	0,040	1,700	0,020	0,040
Corne de brigantine	1,200	0,020	0,100	1,100	0,020	0,100
— de misaine	1,000	0,020	0,040	1,000	0,020	0,040
— de flèche	»	»	»	0,450	0,018	0,050

NOTA. — On égalise souvent les tons des bas mâts. Dans ce cas, on devra appliquer au mât de misaine le ton calculé du grand mât.

TABLE DE MATURE DES GOÉLETTES-TRANSPORTS ET LOUGRES CABOTEURS.

NOMENCLATURE.	GOELETTES-TRANSPORTS.			LOUGRES CABOTEURS.		
	Longueur.	Diamètre.	Ton, bouts et flèche.	Longueur.	Diamètre.	Ton, bouts et flèche.
Grand mât	3,000	0,022	0,160	3,800	0,024	0,180
Mât de misaine	2,800	0,022	0,171	2,900	0,024	0,070
Mât de tapecul	»	»	»	2,000	0,024	0,155
Beaupré, bout-dehors	1,250	0,048	»	2,400	0,024	0,030
Grand mât de hune	1,700	0,020	0,300	»	»	»
Petit mât de hune	1,700	0,020	0,300	»	»	»
Bâton de foc	1,250	0,018	0,040	»	»	»
VERGUES.						
Grande vergue, taille-vent	1,600	0,020	0,040	1,700	0,022	0,030
Vergue de misaine	1,900	0,020	0,040	2,000	0,022	0,030
— do grand hunier	1,300	0,018	0,070	»	»	»
— de petit hunier	1,400	0,018	0,070	»	»	»
— de grand perroquet	1,000	0,016	0,040	»	»	»
— de petit perroquet	1,000	0,016	0,040	»	»	»
— de hunier au tiers	»	»	»	1,450	0,022	0,030
— de tapecul	»	»	»	1,300	0,022	0,030
Arc-boutant de tapecul	»	»	»	1,000	0,022	0,030
Gui	1,900	0,020	0,050	»	»	»
Corne de brigantine	1,200	0,020	0,070	»	»	»
— de misaine goëlette	1,000	0,020	0,050	»	»	»

Nota. — On n'a pas cru devoir donner de table pour les goëlettes-avisos. Ce genre de gréement est variable. Tantôt il se complique d'un grand nombre d'accessoires, tantôt il devient fort simplifié. — Consulter, à cet égard, les bâtiments armés, le mémoire de Marestier sur la marine des États-Unis, et agir suivant les convenances particulières.

TABLE DE MATURE DES SLOOPS CABOTEURS ET DES DOGRES OU GABARES.

NOMENCLATURE.	SLOOPS CABOTEURS.			DOGRES OU GABARES.		
	Longueur.	Diamètre.	Ton, bouts et flèche.	Longueur.	Diamètre.	Ton, bouts et flèche.
Grand mât	3,400	0,025	0,160	2,300	0,025	0,150
Mât d'artimon	»	»	»	2,100	0,020	0,150
Beaupré	2,000	0,042	»	1,600	0,044	»
Grand mât de hune	1,000	0,022	0,170	1,300	0,025	0,170
Mât de hune d'artimon	»	»	»	1,400	0,020	0,170
Mât de perroquet	1,000	0,020	0,200	1,200	0,018	0,300
Bâton de foc	»	»	»	1,200	0,018	0,200
VERGUES.						
Grande vergue	2,000	0,020	0,040	2,000	0,020	0,040
Vergue de hune	1,400	0,018	0,060	1,400	0,020	0,080
— de perroquet	1,000	0,017	0,040	1,000	0,018	0,040
Gui d'artimon	»	»	»	1,000	0,018	0,050
— de grand mât	2,700	0,022	0,050	1,200	0,020	0,030
Corne d'artimon	»	»	»	0,700	0,018	0,050
— de grand mât	1,600	0,020	0,050	0,900	0,018	0,040

NOTA. — La position de la mâture des dogres est ordinairement dans les rapports suivants, de la longueur de tête en tête :

Grand mât, distance à l'étrave 0,480
Mât d'artimon, — 0,820

Quand on veut gréer sur gui une grande voile goëlette, on obtient la longueur de cet espar en prenant la distance entre les mâts.

BATEAUX A VAPEUR.

Nous avons peu de notes sur la mâture des bateaux à vapeur. Cela vient de ce que les combinaisons sont excessivement changeantes. Le genre du propulseur, la disposition de la machine, la destination du bâtiment doivent entraîner à des distributions, des dimensions variées.

Souvent, dans les petits bateaux, on grée des voiles auriques sur deux ou trois mâts, dont la longueur totale est égale à deux fois environ la largeur de la coque. Souvent aussi ces voiles sont surmontées, principalement à l'avant, d'un hunier et d'un perroquet. On y ajoute un ou deux focs dont les drailles s'amarrent à un bout-dehors, même quelquefois à l'extrémité de la poulaine ou de l'étrave élancée.

Et ces géants des mers, le *Président*, le *Great-Western*, le *Leviathan* surtout, colosse merveilleux, dont aujourd'hui la carène immense se baigne paisiblement dans les flots de la Tamise, leur longueur considérable impose l'obligation de multiplier encore la distribution des mâts, sans trop élever pourtant le centre d'efforts des voiles. On remarque dans l'ouvrage de M. Eug. Pacini, *La Marine*, le dessin d'un de ces steamers aux formes allongées.

Les vaisseaux mixtes de l'État, où l'on applique un propulseur accessoire, emploient pour leur mâture celle d'un rang moins élevé. Ainsi, la 3e classe d'un vaisseau aurait à bord la mâture d'un vaisseau de 4e classe.

Nous allons nous borner à présenter seulement la mâture du vapeur de guerre l'*Érèbe*, de 60 chevaux; celle du *Brandon*, de 160, et enfin la mâture des vapeurs du commerce le *Tage* et *Lisbonne*, que nous devons à l'obligeance de M. A. Guibert. Nous laisserons aux hommes du métier à faire de nouvelles recherches sur cette branche importante de l'art naval, destinée à remplacer ou du moins à venir aider puissamment aux efforts de la voilure.

VAPEUR A ROUES, L'*ÉRÈBE*, DE 60 CHEVAUX.

	DIMENSIONS.			RAPPORTS.		
Longueur à la flottaison	36m00			6,545		
Largeur	5,50			0,153		
Creux	3,41			0,620		
	Longueur.	Diamètre.	Ton et bouts.	Longueur.	Diamètre.	Ton et bouts.
MATURE.	m	m	m			
Grand mât	14,00	0,33	1,80	2,545	0,0235	0,128
Mât de misaine	14,00	0,33	1,80	2,545	0,0235	0,128
Beaupré	6,00	0,30	»	1,090	0,0500	»
Mâts de hune	6,33	0,20	0,33	1,150	0,0314	0,052
Bâton de foc	5,93	0,16	0,33	1,078	0,0268	0,055
VERGUES.						
Basses vergues	12,00	0,20	0,50	2,181	0,0166	0,041
Vergues de hune	9,80	0,16	0,80	1,781	0,0163	0,081
Gui	13,30	0,20	0,30	2,418	0,0150	0,022
Corne de grand mât	9,80	0,16	0,80	1,781	0,0163	0,081
— de misaine	7,00	0,14	0,30	1,272	0,0200	0,042
Arcs-boutants ferrés	6,00	0,14	»	1,090	0,0230	»
POSITION DES MATS.						
Mât de misaine, distance à l'étrave	7m80			0,200		
Grand mât, —	27,70			0,710		

VAPEUR A ROUES, LE *BRANDON*, DE 160 CHEVAUX.

	DIMENSIONS.			RAPPORTS.		
Longueur à la flottaison	50m00			5,882		
Largeur	8,50			0,170		
Creux	5,47			0,643		
	Longueur.	Diamètre.	Ton et bouts.	Longueur.	Diamètre.	Ton et bouts.
MATURE.	m	m	m			
Bas mâts (grand mât et mât de misaine)	23,00	0,47	2,40	2,705	0,0204	0,104
Mâts de hune	14,20	0,255	5,40	1,670	0,0179	0,380
Beaupré	9,60	0,365	»	1,129	0,0380	»
Bâton de foc	12,20	0,245	»	1,435	0,0200	»
Basses vergues	16,70	0,33	0,50	1,964	0,0200	0,030
Vergues de hune	12,30	0,21	1,00	1,470	0,0170	0,081
— de perroquet	7,80	0,135	0,30	0,917	0,0173	0,035
Corne de grand mât	9,90	0,23	0,50	1,164	0,0235	0,050
— de misaine	9,70	0,23	0,50	1,141	0,0237	0,050
Vergues de bonnettes de misaine	6,00	0,13	0,40	0,705	0,0210	0,066
— de petit hunier	4,30	0,095	0,30	0,505	0,0220	0,022
POSITION DES MATS.						
Mât de misaine, distance à l'étrave	12m50			0,230		
Grand mât, —	36,92			0,684		
Pente des mâts	1/10e					
— du beaupré	0m24 par mètre.					
Rentrée du beaupré	2,60 —					
— du bâton de foc	4,00 —					

VAPEURS A HÉLICE LE *TAGE* ET *LISBONNE*, DE 100 CHEVAUX.

	DIMENSIONS.			RAPPORTS.		
Longueur à la flottaison	50m00			6,493		
Largeur, en dehors des membres	7,70			0,154		
Tirant d'eau moyen, sur quille	3,60			0,467		
	Longueur.	Diamètre.	Ton et bouts.	Longueur.	Diamètre.	Ton et bouts.
	m	m	m			
Grand mât	22,30	0,45	2,90	2,896	0,0200	0,130
Mât de misaine	21,25	0,42	2,75	2,759	0,0200	0,130
Mât d'artimon	14,75	0,30	2,45	1,915	0,0200	0,166
Bâton de foc	8,00	0,16	0,50	1,038	0,0200	0,062
Mât de flèche du grand mât (7,80 + 3,70 + 1,50)	13,00	0,23	5,20	1,688	0,0180	0,400
Mât de flèche de misaine (7,80 + 3,70 + 1,50)	13,00	0,23	5,20	1,688	0,0180	0,400
Mât de flèche d'artimon (5,49 + 2,16 + 1,50)	9,15	0,16	3,66	1,188	0,0180	0,400
Vergue de fortune	18,70	0,37	0,50	2,428	0,0200	0,027
— de flèche de misaine	14,65	0,26	1,42	1,901	0,0180	0,103
Gui	10,90	0,20	0,30	1,415	0,0180	0,027
Corne d'artimon	7,40	0,15	1,00	0,961	0,0200	0,135
— de grand mât	9,50	0,20	0,40	1,233	0,0200	0,042
— de misaine	9,50	0,20	0,40	1,233	0,0200	0,042
POSITION DES MATS.						
Mât de misaine, distance à l'étrave	10m60			0,212		
Grand mât, —	27,90			0,558		
Mât d'artimon, —	42,05			0,841		
PENTE DES MATS.						
Mât de misaine	0m14 par mètre.					
Grand mât	0,16 —					
Mât d'artimon	0,17 —					

EMBARCATIONS.

La grande variété qui existe dans la forme, la voilure, le gréement des embarcations, empêche d'appliquer à leur mâture des règles générales. On doit, à cet égard, consulter les méthodes en usage, la nature, la destination des embarcations, et se guider ensuite suivant les considérations particulières. Cependant, pour aider aux recherches, aux appréciations, nous nous plaisons à reproduire en partie des notes manuscrites de M. Consolin, habile maître voilier de la Marine, dont un ouvrage fort remarquable s'imprime en ce moment par ordre de Son Excellence l'amiral Ministre de la Marine. Rapportons ce qui concerne les embarcations de la flotte; nous y ajouterons quelques remarques détachées.

« Afin de donner à notre travail tout le développement nécessaire, sans néanmoins nous écarter des principes consacrés par le règlement, nous avons établi des rapports en nombres abstraits, qui déterminent les longueurs de mâture, ainsi que les dimensions de toutes les voiles. Par conséquent, à l'aide de ces données, on pourra facilement voiler les embarcations avant leur sortie des chantiers; car, lors de l'armement des bâtiments, c'est presque toujours au moment de la mise en rade qu'on effectue ce travail dans lequel on met trop de précipitation.

» Dans une voilerie, où le travail est pressé, il suffira de calculer les dimensions des voiles au moyen des rapports qui leur sont affectés, pour reporter les longueurs réelles sur des cordeaux, afin d'obtenir la coupe des surfaces par la méthode du *piquet*.

» Par conséquent, les voiles étant faites avant l'établissement de la mâture, on n'arrêtera à demeure les emplantures des mâts qu'au moment de hisser les voiles, pour donner à ces mâts la pente voulue. Quant à la position des crocs d'amure, elle sera donnée par le chantier des canots, suivant l'indication des plans réglementaires.

» La longueur des mâts et leur emplacement, la longueur des vergues et leur point de suspension seront déterminés par les rapports suivants, multipliés par la longueur de l'embarcation, en observant de joindre aux longueurs produites des mâts le creux situé dans leur emplanture, compté de la carlingue à la partie supérieure des fargues, aux bouts-dehors de foc et de tapecul, leur rentrée intérieure, s'il y a lieu. »

Nous ne mentionnerons pas la voilure N° 1 du réglement, attendu qu'on vient de la supprimer; elle est remplacée par la voilure N° 2, appliquée aux chaloupes de tous rangs.

RAPPORTS ET DISPOSITIONS NÉCESSAIRES

Pour établir les Plans de Voilure des Canots de la Flotte, la longueur de l'embarcation prise pour unité.

DÉSIGNATION DES MÂTS ET VERGUES.		VOILURES.							
		N° 2. CATÉGORIES		N° 3.	N° 4. CATÉGORIES		N° 5. CATÉGORIES		N° 6.
		1re	2e		1re	2e	1re	2e	
Longueur.	Grand mât	0,640	0,630	»	0,640	0,580	»	»	»
	Mât de misaine	0,550	0,540	0,720	0,580	0,530	0,630	»	0,700
	Mât de tapecul	0,355	0,350	0,410	0,440	0,400	»	»	»
	Bouts-deh. de foc	0,280	0,270	0,340	0,350	0,320	»	»	»
	— de tapecul	0,270	0,265	0,320	0,300	0,280	»	»	»
	Grande vergue	0,490	0,480	»	0,580	0,565	»	»	»
	Vergue de misne	0,490	0,480	0,665	0,560	0,555	0,575	»	0,860
	— de tapecul	0,260	0,250	0,260	0,320	0,300	»	»	»
Emplantures à partir de l'avant.	Grand mât	0,480	0,480	»	0,580	0,580	»	»	»
	Mât de misaine	0,100	0,100	0,450	0,150	0,150	0,410	0,410	0,310
	Mât de tapecul	0,970	0,970	0,975	0,970	0,970	»	»	»
Point de suspension.	Grande vergue	0,140	0,140	»	0,190	0,170	»	»	»
	Vergue de misne	0,140	0,140	0,230	0,210	0,180	0,370	0,370	»
	— de tapecul	0,065	0,065	0,085	0,100	0,080	»	»	»

RAPPORTS DE LA VOILURE RÉGLEMENTAIRE,

La longueur de l'embarcation prise pour unité.

DÉSIGNATION DES VOILURES.		BORDURE. CATÉGORIES		CHUTE ARRIÈRE. CATÉGORIES		DIAGONALE. CATÉGORIES		CHUTE AU MAT. CATÉGORIES		ENVERGURE. CATÉGORIES	
		1re	2e	1re	2e	1re	2e	1re	2e	1re	2e
N° 2.....	Grande voile...	0,500	0,500	0,720	0,700	0,565	0,565	0,480	0,470	0,480	0,465
	Misaine........	0,450	0,450	0,670	0,645	0,530	0,520	0,395	0,385	0,480	0,465
	Tapecul.......	0,270	0,270	0,385	0,360	0,300	0,300	0,260	0,251	0,255	0,245
	Foc...........	0,345	0,335	0,325	0,320	»	»	»	»	0,520	0,500
N° 3.....	Misaine........	0,780	»	0,760	»	0,670	»	0,550	»	0,640	»
	Tapecul.......	0,300	»	0,380	»	0,330	»	0,300	»	0,235	»
	Foc...........	0,490	»	0,470	»	»	»	»	»	0,840	»
N° 4.....	Grande voile...	0,550	0,540	0,710	0,680	0,545	0,520	0,460	0,425	0,560	0,550
	Misaine........	0,480	0,480	0,670	0,630	0,520	0,492	0,360	0,335	0,557	0,535
	Tapecul.......	0,300	0,290	0,415	0,385	0,320	0,300	0,278	0,250	0,300	0,280
	Foc...........	0,360	0,230	0,290	0,285	»	»	»	»	0,530	0,500
N° 5.....	Misaine........	0,680	0,640	0,690	0,620	0,640	0,600	0,500	0,440	0,550	0,530
N° 6.....	Misaine........	0,640	»	0,998	»	0,820	»	0,680	»	0,580	»
	Foc...........	0,300	»	0,600	»	»	»	»	»	0,710	»

Les embarcations de la flotte, désignées par M. Consolin, sont celles dont la voilure fut réglée par dépêche ministérielle, en date du 19 novembre 1847. Elle comprenait les cinq classifications suivantes :

N° 1. — Chaloupes de vaisseaux, frégates et corvettes (remplacées par le N° 2), mâtées d'un grand mât sur l'avant, d'un mât de tapecul et d'un bâton de foc, voilées d'une grande voile goëlette surmontée d'une voile de flèche ; d'un tapecul et d'un foc.

N° 2. — Chaloupes des bâtiments inférieurs à la corvette de première classe, grands canots de vaisseaux et frégates, embarcations au-dessus de 9m00, canots des amiraux et commandants (facultativement).

N° 3. — Canots moyens.

N° 4. — Canots des amiraux et commandants (facultativement).

N° 5. — Yoles ou baleinières.

N° 6. — Youyous.

Voici, au surplus, les dimensions principales de ces embarcations. Nous ignorons si depuis elles furent modifiées dans leur installation.

DIMENSIONS RÉGLEMENTAIRES DES CANOTS DE LA FLOTTE.

DÉSIGNATIONS.	LONGUEUR.	LARGEUR.	CREUX.
	m	m	m
Vaisseau. — Chaloupe	13,30	3,60	1,44
Frégate de 1er rang. — Chaloupe	12,00	3,30	1,30
Vaisseau. — Grand canot	11,70	2,80	1,00
Frégate de 2e rang. — Chaloupe	11,00	3,00	1,20
— de 3e rang. —	10,50	2,90	1,15
Corvette de 1er rang. — Chaloupe	10,00	2,80	1,10
— de 2e rang. — Grand canot	9,50	2,40	0,90
— de 2e rang. — Chaloupe	9,00	2,60	1,00
Brick de 1er rang. — Chaloupe	8,50	2,40	0,93
— de 2e rang. —	8,20	2,30	0,90
Frégate de 1er rang. — Grand canot, canot du commandant, canot-major et de service des vaisseaux.	10,50	2,50	0,80
— de 1er et 2e rang. — Canot du commandant, canot-major et de service	10,00	2,40	0,80
de 3e rang. — Canot-major et de service	9,00	2,30	0,80
Corvette de 1er, 2e rang et de charge. — Canot du commandant.	8,00	2,15	0,75
Brick et aviso. — Canot du commandant	7,00	1,60	0,70
Corvette de 1er rang. — Canot-major et de service	8,70	2,25	0,86
— de 2e rang. —	7,50	2,08	0,70
Brick de 1er rang. — Canot-major et de service	7,00	2,00	0,70
— de 2e rang. —	7,00	1,60	0,70
Les yoles ont 9m20, 8m50, 8m00, 7m50, suivant le bâtiment	9,00	1,50	0,620
Les youyous, 5m00 et 4m50	4,00	1,40	0,600

En appliquant les rapports qui précèdent aux mâtures d'un canot de corvette et d'une chaloupe de frégate, on obtient les dimensions exprimées au tableau suivant, augmentées du creux et des rentrées. De plus, si l'on compare ces dimensions avec la largeur des embarcations, il en résulte de nouveaux facteurs par les largeurs correspondantes.

	CANOT DE CORVETTE.		CHALOUPE DE FRÉGATE.	
Longueur	8m00		12,00	
Largeur	2,15		3,30	
Creux	0,75		1,30	
	LONGUEUR.	RAPPORTS avec la largeur.	LONGUEUR.	RAPPORTS avec la largeur.
MATURE.	m		m	
Grand mât	5,79	2,693	8,98	2,721
Mât de misaine	5,04	2,344	7,85	2,378
Mât de tapecul	3,15	1,465	4,70	1,424
Bout-dehors de foc	2,41	1,120	3,70	1,121
Bout-dehors de tapecul	2,36	1,100	3,74	1,133
Grande vergue	3,84	1,786	5,88	1,812
Vergue de misaine	3,84	1,786	5,88	1,812
Vergue de tapecul	2,00	0,930	3,12	0,948
PENTE DES MATS.				
Mât de misaine	15°		15°	
Grand mât	18°		18°	
Mât de tapecul	24°		24°	
Apiquage des vergues	40°		40°	

La distribution des mâts se fait sur la ligne des bancs, en contre-bas du plat-bord. Elle est donnée au tableau.

Le point de suspension des vergues indiqué au tableau, se prend à partir du gros bout. On obtient leur point d'intersection avec les mâts en déduisant de la longueur des mâts, ou de l'espace compris entre le collier et leur extrémité, les 12 centièmes pour le grand mât et celui de tapecul, et les 15 centièmes pour le mât de misaine.

Les bouts-dehors de foc et de tapecul sont poussés horizontalement en dehors du canot, moins leur rentrée, s'il y a lieu.

Une note intéressante au sujet des voiles en trapèze irrégulier est donnée encore par M. Consolin :

« La direction convenable aux points d'écoute de ces voiles s'obtient en menant une droite du centre de l'envergure au point d'amure, et en dirigeant vers le point d'écoute une seconde droite perpendiculaire à la première.

» Soit A, *fig.* 3, le point de centre de l'envergure, menez AB au point d'amure. Du point D, clan de l'écoute, à bord, menez DC, perpendiculaire à AB, elle rencontrera la chute donnée FE, en un point E. Par ce point, menez EB, direction de la bordure. En halant le point d'écoute E dans la direction DC, du clan, la chute FE sera moins tendue que la bordure BE. Cette direction est avantageuse à l'établissement de la voile. »

Nous trouvons dans les usages de quelques arsenaux de la Marine les rapports suivants pour la mâture des embarcations, comparés à la largeur au maître-couple.

MATURE.	CHALOUPES.	CANOTS de 9 à 11 mètres.	CANOTS de 6 à 8 mètres.	BALEINIÈRES	YOUYOUS.
Grand mât	2,90	2,80	»	»	»
Mât de misaine	2,80	2,50	2,85	2,75	2,47
Mât de tapecul	1,85	1,70	1,75	»	»
Bout-dehors de foc	1,78	1,60	1,48	»	»
Arc-boutant de tapecul	1,27	1,30	1,30	»	»
Grande vergue	1,93	2,00	»	»	»
Vergue de misaine	1,93	2,00	2,45	3,20	2,54
Vergue de tapecul	1,21	1,20	1,12	»	»

Enfin, pour clore ce chapitre, nous ajoutons aux renseignements qui précèdent les dimensions de mâture de trois péniches : l'une, dite de guerre ; la seconde, destinée au service de garde-côtes, et la dernière, appliquée aux péniches construites pour la flottille de Boulogne. Nous les faisons suivre de rapports de mâtures différentes de chaloupes du commerce.

DIMENSIONS DE LA MATURE DE PÉNICHES.

	PÉNICHE DE GUERRE.		PÉNICHE GARDE-CÔTES.		PÉNICHE de la Flottille de Boulogne.	
Longueur	19m50		16m25		13,65	
Largeur	3,25		3,41		2,76	
Creux	1,62		1,30		1,24	
	LONGUEUR.	RAPPORTS à la largeur.	LONGUEUR	RAPPORTS à la largeur	LONGUEUR.	RAPPORTS à la largeur.
MATURE.	m		m		m	
Grand mât	9,75	3,000	10,40	3,050	9,75	3,532
Mât de misaine	8,12	2,500	9,42	2,762	7,47	2,710
Mât de tapecul	6,50	2,000	7,47	2,190	7,15	2,590
Bout-dehors de foc	8,12	2,500	8,45	2,478	6,50	2,355
Arc-boutant de tapecul	5,30	1,650	»	»	4,22	1,529
Mâts de hune	»	»	4,87	1,428	2,60	0,942
Grande vergue	8,45	2,600	9,42	2,762	8,45	3,061
Vergue de misaine	5,20	1,600	7,80	2,287	6,17	2,235
— de grand hunier	»	»	7,15	2,090	»	»
— de petit hunier	»	»	6,50	1,906	»	»
— de tapecul	4,33	1,350	5,85	1,715	5,52	2,000
POSITION DES MATS (Rapports avec la longueur du bâtiment).						
Mât de misaine, distance à l'avant			0,158		0,166	
Grand mât, —			0,522		0,523	

DIMENSIONS DE MATURE DE CHALOUPES DU COMMERCE.

(*Rapports avec la largeur au maître-couple.*)

MATURE.	GENRE DE VOILURE.			
	MISAINE et taille-vent, au tiers.	MISAINE et taille-vent, à livarde.	MISAINE et tapecul.	GRANDE voile goëlette et foc (sloop).
Grand mât	3,000	3,000	»	3,400
Mât de misaine	2,600	2,500	2,800	»
Mât de tapecul	»	»	1,650	»
Bout-dehors de foc	»	»	»	2,000
Arc-boutant de tapecul	»	»	1,500	»
Grande vergue ou vergue de taille-vent	1,500	»	»	»
Vergue de misaine	1,700	»	2,000	»
Vergue de tapecul	»	»	1,400	»
Gui	»	»	»	2,285
Corne	»	»	»	1,100
Livarde de taille-vent	»	3,235	»	»
Livarde de misaine	»	2,800	»	»
POSITION DES MATS (Rapports avec la longueur du bateau).				
Mât de misaine, distance à l'avant	0,100	0,100	0,100	»
Grand mât, —	0,550	0,530	»	0,333

PLAN DE VOILURE, POINT VÉLIQUE, SURFACES COMPARÉES.

Ainsi que nous l'avons fait remarquer, cet ouvrage n'est pas un traité de mâture. Conséquemment, ce qui regarde la théorie des fluides, celle des impulsions, la recherche du point vélique, doit s'étudier dans les auteurs spéciaux. Cependant, pour donner une idée, suffisante selon nous, de quelques appréciations, nous allons exposer succinctement la méthode de calculer la position du point vélique, en dressant préalablement le plan de voilure.

Au surplus, ces calculs faciles reposent sur des hypothèses plus ou moins rationnelles. Ainsi, par exemple, on opère sur des surfaces étendues, sans tenir compte des épaisseurs, de la courbure, du poids des ralingues, du gréement, etc., de la distance obligée des voiles loin de l'axe des mâts et des vergues. Dans quelles conditions de navigation peut-il en être ainsi? Ces calculs utiles, sans contredit, ne servent donc qu'à poser des limites que la théorie prescrit, mais que l'usage, que la pratique doivent nécessairement modifier. Exposons, à ce sujet, les réflexions d'auteurs recommandables.

« Tant que la direction du vent, l'étendue des voiles et leurs positions respectives demeureront les mêmes, la position du centre de voilure sera constante; elle changera aussitôt qu'une ou plusieurs des conditions qu'on vient de prescrire cessera d'avoir lieu.

» Les variations dans la direction du vent font que les voiles qui recevaient son impulsion ne la reçoivent plus, ou la reçoivent moins favorablement; le centre de voilure doit s'éloigner de ces voiles et se rapprocher de celles qui, conséquemment à ces variations, deviennent plus directement opposées à l'action du vent.

» Si l'on supprime des voiles vers une extrémité du vaisseau, le centre de voilure se rapprochera de l'autre; il se portera de même vers la partie où l'on aura déployé des voiles qui ne l'étaient pas auparavant; il s'élèvera si l'on fait servir des voiles plus élevées que lui, ou si l'on cargue des voiles plus basses; il s'abaissera si l'on cargue des voiles hautes, ou si l'on déploie des voiles inférieures. L'art de combiner à propos, suivant les circonstances et les besoins de la navigation, ce transport du centre de voilure, constitue l'art de la manœuvre. » (Forfait, *Traité de Mâture*, page 10 de l'introduction.)

« Quoique l'on ait porté la théorie dans ces principes de la manœuvre, on se gardera bien de laisser penser que son exécution doive être assujétie à la règle et au compas. Il est avantageux de rappeler les principes, il est utile de les avoir connus; mais le manœuvrier a un coup d'œil qui rassemble les diverses combinaisons et démêle sur-le-champ ce qu'il doit faire. Peu de principes généraux, et le coup-d'œil, telles sont les parties que nous avouerons sans peine être supérieures à une théorie timide. » (Du Maitz de Goimpy, *Traité sur la Construction des Vaisseaux*, 1776, page 97.)

« Les règles vulgaires se trouvant défectueuses, nous ne pensons pas, il s'en faut même beaucoup, leur en substituer d'autres qui soient aussi simples; mais si cependant on a une fois un navire dont la mâture est bien disposée, on pourra s'en servir pour régler la mâture des autres qui sont semblables, ou à peu près semblables. » (Bouguer, *Traité du Navire*, page 131.)

En 1761, l'Académie des Sciences mit au concours le sujet suivant : « Déterminer la meilleure manière de lester et d'arrimer un vaisseau, et les changements qu'on peut faire en mer à l'arrimage, soit pour faire mieux porter la voile au navire, soit pour le rendre plus ou moins sensible au gouvernail. » Cette question importante fut traitée par des savants, des auteurs célèbres : Euler, l'abbé Bossut, Bourdé de Villehuet, officier des vaisseaux de la Compagnie des Indes, et Groignard, constructeur en chef de la Compagnie, au port de Lorient. Les deux premiers envisagèrent la question au point de vue théorique, les deux autres dans ses applications. Nous engageons les jeunes marins à lire attentivement ces mémoires, principalement les deux derniers, plus faciles. Ils y puiseront de précieux renseignements sur l'arrimage. Qu'ils y ajoutent encore la lecture de l'ouvrage intitulé : de l'*Installation des Vaisseaux*, par M. Burgues de Missiessy, officier supérieur de la Marine; résumé brillant de savantes études, d'une expérience consommée; ils arriveront de la sorte à conserver à leurs bâtiments, à leur donner même des qualités avantageuses, tout en consultant néanmoins les dimensions reçues de mâture et les résultats de calculs obtenus sur de bons navires.

Les plans remis au voilier, pour la coupe des voiles, ne sont pas toujours disposés comme les plans destinés à la confection du gréement. Il existe quelques différences. Les premiers dirigent souvent le milieu des vergues supérieures, à partir de l'axe des bas mâts prolongés vers le haut, ou bien encore, sur l'axe des mâts de cacatois. Au contraire, dans les plans du gréement la mâture se distribue telle qu'elle est établie à bord : les bas mâts, les mâts de hune et de perroquet à leur position respective. Seulement, les vergues se dessinent souvent par moitié séparée, l'une au point de suspension, l'autre amenée vers le bas, afin d'obtenir exactement le mesurage des manœuvres.

Dans tous les cas, on arrête avant toute chose les dimensions principales du bâtiment, la hauteur au-dessus du pont des lisses d'appui et de bastingage, le tirant d'eau, la tonture, la quête, l'élancement à l'avant et à l'arrière, la distribution des mâts, leur profondeur dans la cale, leur pente et celle du beaupré, la rentrée de ce mât; enfin, les données suffisantes à reproduire avec exactitude le profil longitudinal du navire. L'échelle adoptée détermine l'étendue de la surface sur laquelle on veut opérer. La saillie du beaupré, celle des bâtons de foc et de clin-foc, moins leur croisure, le prolongement du gui en dehors du couronnement aideront à placer convenablement l'esquisse, à donner de la régularité, de l'ensemble au travail.

On commence par tracer la coque, son pont, les bastingages, la poulaine, le couronnement, le tirant d'eau, les batteries, ensuite on distribue les axes des mâts. Leur pente se règle au moyen d'une verticale élevée au point d'intersection du mât avec le pont, sur laquelle on porte une quantité arbitraire de mètres, pour marquer horizontalement, à son extrémité supérieure, la fraction correspondante de la pente convenue. On agit de même à l'égard du beaupré, mais en sens inverse, la pente du mât se portant verticalement sur la ligne horizontale. Même système pour régler l'apiquage des vergues. En d'autres termes, deux côtés d'un triangle rectangle étant donnés, déterminer l'hypoténuse. Le petit côté, c'est la pente par mètre ou l'apiquage. On se sert aussi du rapporteur quand l'inclinaison se mesure en degrés.

Les bas mâts une fois élevés sur leur emplanture, portez en contre-bas la longueur du ton; marquez-en la base par une droite horizontale représentant le dessus des jottereaux, la direction des hunes, et le haut par une droite figurant le chouquet. Élevez les mâts de hune, en tenant compte de la caisse, parallèlement aux bas mâts, à la distance réglée d'axe en axe par les dimensions respectives.

Il suffit ordinairement de tracer les axes de toute la mâture, moins le beaupré qu'on projette en totalité. Continuez l'opération pour les mâts de perroquet, bâtons de foc, de clin-foc, etc., en indiquant le ton, la flèche et l'aboutissement de ces espars.

Les vergues ont une direction horizontale. Elles se suspendent au-dessous du trelingage et des flèches. On évalue la position du cercle de trelingage des bas mâts à une distance égale à trois fois et quart le diamètre du mât. Quelques auteurs établissent l'axe de la vergue à 3,60 du diamètre, au-dessous du ton du bas mât.

De règle générale, la chute des huniers et des perroquets, mesurée d'un centre de vergue à l'autre, est égale à la longueur du mât correspondant, non compris le ton et la flèche. La chute des cacatois est égale à la longueur de la flèche correspondante, moins la contre-flèche; mais on sait que les voiles et leurs ralingues tendent à s'allonger; on doit tenir compte de cet allongement, au tracé des voiles, et pour le guindant et pour l'envergure. On consulte, à cet égard, les ouvrages spéciaux ou les habitudes des voileries.

Quand les mâts affectent une forte pente, la direction des vergues n'est plus horizontale; on les trace alors verticalement à l'axe de suspension.

Les voiles à bourcet, ou au tiers ont leur point de suspension au tiers de leur longueur, à partir du gros bout, à l'empointure de l'avant.

La direction du gui est quelquefois parallèle à la tonture; quelquefois aussi elle s'élève davantage au croissant. On le place à deux mètres au-dessus du pont dans les grands navires.

Les cercles à pitons pour corne de voiles goëlettes sont à trois fois et demie le diamètre du mât, en contre-bas du cau supérieur des jottereaux. L'apiquage des cornes varie de 40 à 45°.

Au moyen de ces données, des leçons de l'expérience, le marin pourra tracer avec facilité le plan de mâture de son navire. Il ne lui restera plus qu'à figurer les voiles pour calculer ensuite la position du centre de voilure ou point vélique.

La méthode employée pour calculer le point vélique est donnée par tous les auteurs. On la trouve aussi consignée dans notre *Traité Élémentaire d'Architecture Navale*. Nous allons néanmoins reproduire succinctement ces règles faciles.

L'impulsion du vent sur les voiles peut se ramener à une force unique appliquée à un centre commun. Ce centre, c'est le *point vélique*.

Pour trouver le point vélique, il suffit d'obtenir les *moments* des surfaces des voiles par rapport à deux droites, l'une horizontale, l'autre verticale. La somme des moments, divisée par la surface totale, donnera pour quotients les distances des axes au point d'application. Leur intersection détermine le point vélique.

La position des axes est arbitraire. Si cependant on les suppose dans la figure, on devra retrancher de part et d'autre la somme des moments pour n'opérer que sur la différence.

La surface des voiles se décompose en triangles dont on cherche le centre de gravité.

Le centre de gravité de surface d'un triangle présente deux cas particuliers :

1° Ce centre est placé sur la droite menée du sommet au milieu de la base;

2° Il se trouve sur cette droite, aux deux tiers à partir du sommet, au tiers, de la base.

Pour marquer graphiquement le centre de gravité d'un triangle, il suffit de mener des sommets de deux angles des droites au milieu des côtés opposés : leur intersection déterminera le centre de gravité.

Le trapèze régulier étant une figure symétrique, son centre de gravité est placé sur l'axe de symétrie mené par le milieu des côtés parallèles; et si l'on décompose le trapèze en deux triangles, qu'on joigne par une droite les centres de gravité de ces triangles partiels, son point d'intersection avec l'axe de symétrie déterminera le centre de gravité du trapèze.

On pourrait également trouver par un procédé graphique le centre de gravité d'un trapèze irrégulier, en décomposant la surface, d'abord en deux triangles dont on réunirait par une droite les centres de gravité; puis en deux autres triangles sur lesquels on opérerait de la même manière. L'intersection des deux droites de jonction donnerait la position du centre du trapèze.

Au surplus, la décomposition des surfaces en triangles suffit pour établir la somme des moments.

Soit *fig.* 4, un plan de voilure composée seulement de la brigantine A, et du foc B; on en veut calculer le point vélique G, par rapport à la perpendiculaire *vf*, et la ligne de flottaison *fo*.

Décomposons la brigantine en deux triangles dont les centres de gravité seront en *g*. Abaissons des points *g*, les perpendiculaires *gl*, *gh*, sur *vf* et sur *fo*. Mesurons les distances *gl*, *gh*, que nous multiplierons séparément par la surface partielle des triangles correspondants; les produits réunis donneront de ces genres de moments, les uns par rapport à la perpendiculaire vf, les autres par rapport à la flottaison fo.

Appelant n, la somme des moments par rapport à vf

m, la somme des moments par rapport à fo

s, la surface totale des voiles, on aura :

Distance du point vélique G à la perpendiculaire de l'arrière $= \frac{n}{s}$

Distance du même point à la flottaison. . . . . $= \frac{m}{s}$

Au lieu de l'axe vf, si l'on prend pour limite l'axe rt, situé au milieu de la longueur du bâtiment à la flottaison; désignant par y, la somme des moments sur l'arrière, par x, celle de l'avant, la distance du point vélique à ce nouvel axe rt, sera formulée par

$\frac{x-y}{s}$, ce qui ne change rien à la position du point vélique G.

Après qu'on a déterminé la position du point vélique, on la compare à d'autres bâtiments du même genre; mais ce n'est qu'une appréciation douteuse, l'élément essentiel, c'est-à-dire, la stabilité du bâtiment, étant presque toujours variable.

Une donnée plus sûre, c'est la comparaison des surfaces de voilure avec celle du parallélogramme circonscrit à la flottaison. Quelques constructeurs les comparent à la flottaison elle-même; mais il peut arriver souvent qu'on ait de la peine à se procurer exactement cette dernière surface. Il vaut mieux s'en tenir à la surface du parallélogramme, toujours facile à calculer.

Nous renvoyons le lecteur à Forfait, aux auteurs qui se sont occupés du point vélique, nous bornant à lui présenter le tableau suivant de quelques surfaces comparées et de la position du point vélique, en faisant remarquer, au surplus, que les navires voilés suivant nos tables de mâture, ne seront pas exposés à développer une surface exagérée.

RÉSULTATS DE CALCULS FAITS SUR LA VOILURE DE NAVIRES DE GUERRE.

DÉSIGNATION DES BATIMENTS.		SURFACE DE VOILURE.		DISTANCE DU POINT VÉLIQUE	
		Basses Voiles, Brigantine, Grand Foc, Huniers et Perroquets.	Rapport au parallélogramme circonscrit à la flottaison moyenne en charge.	à la flottaison moyenne en charge.	en avant du milieu de la flottaison.
		m. car.		m	m
Vaisseaux	de 120 canons......	3249,66	3,023	27,561	3,272
	de 100 —	3133,62	3,004	24,077	2,712
	de 90 —	3130,36	3,190	25,722	2,481
	de 86 —	2852,35	3,083	25,270	3,763
	de 82 —	2419,45	2,936	23,878	3,120
Frégates	de 60 —	2640,10	3,365	23,318	3,579
	de 52 —	2260,35	3,148	20,877	2,516
	de 46 —	1946,76	3,480	20,416	2,405
Corvettes	de 32 —	1455,41	3,184	17,733	2,538
	de 30 —	1455,41	3,184	17,733	2,538
	de 24 —	1315,29	3,483	15,857	1,506
Corvette-aviso de 18.............		936,19	3,284	13,867	0,754
Bricks	de 20 —	1118,82	3,672	14,364	1,754
	de 16 —	952,68	3,816	13,735	1,418
Canonnière-brick de 8............		676,37	3,597	12,301	1,347
Brick-aviso de 10................		930,45	4,174	13,077	0,252
Goëlette de 6....................		656,28	4,148	11,572	1,370
Corvette de charge de 800 tonneaux..		1399,88	3,000	17,170	2,497
Gabare de 380 tonneaux...........		944,45	3,543	14,369	1,776

DÉTAILS D'EXÉCUTION.

A la suite du réglement publié en septembre 1852, on trouve des planches remarquables sur les détails de mâture, accompagnées de légendes explicatives qui ne laissent rien à désirer. Ces détails furent complétés en 1854 par un cahier volumineux de feuilles d'échantillons et des dessins analogues. Sans vouloir reproduire dans notre ouvrage toutes ces données, indispensables aux ateliers et propres à établir un travail uniforme dans les arsenaux de la Marine, nous allons en extraire seulement les notes les plus essentielles.

MATS ET VERGUES D'ASSEMBLAGE.

Le système actuel, dit à l'américaine, repose sur l'adhérence immédiate, sans entailles ou rainures, des surfaces planes, retenues par des *dés,* ou disques en bois dur : gaïac ou chêne vert. Il est interdit de percer le centre des dés par des gournables traversant les pièces assemblées, cette combinaison étant nuisible à la solidité du système, à la facilité du démontage. Remarquons, en passant, que la même interdiction devrait frapper l'assemblage des membres du bâtiment. Le goujon, en traversant le dé, tend à le fendre, à le disloquer. Mieux vaut distribuer le chevillage en dehors des disques.

Il importe à la solidité de l'assemblage des vergues, de diriger vers le centre, et non vers les extrémités, les pieds des espars qui doivent former les bouts. Cette disposition des pieds au centre place les fibres les plus résistantes et les plus lourdes à l'endroit où la force est le plus nécessaire. Elle facilite aussi l'introduction des cercles appliqués par glissement et à chaud sur le fût de la vergue.

Le fût sera toujours rond, dans les vergues d'assemblage.

DIAMÈTRES ET DÉCROISSANCES DES PIÈCES DE MATURE.

Au lieu de se servir du tableau donné par le réglement de 1852, le réglement de 1854 prescrit l'emploi des *mitres,* ou arcs de cercle, pratiqués déjà depuis longtemps, connus sous le nom de *quart de nonante* et décrits dans les traités. Néanmoins, dans quelques ateliers on se sert encore, pour les mâts de hune et les vergues, d'une broche, ou ligne droite divisée en parties proportionnelles au grand diamètre de l'espar, pris pour unité, et correspondantes à des points de division mesurées sur la pièce. On voit, *fig.* 1 et 2, *pl.* 1re, le tracé de deux mitres désignées au tableau qui va suivre, du réglement de 1854.

Fig. 1. Mitre au rayon, pour les bas mâts.

A B = grand diamètre du mât.
O I = demi-diamètre, au bout du ton = V K.

On divise la droite V I en un même nombre de parties égales que l'on veut en porter sur la pièce de mâture. Les distances (1 1), (2 2), (3 3) donnent le demi-diamètre du mât, à chaque point de division.

Fig. 2. Mitre aux trois quarts, pour les autres pièces.

A B = demi-diamètre, au fort = B H.
I B = demi-diamètre, au bout = D K.

La droite B D, divisée en parties égales; les distances (1 1), (2 2), (3 3) donnent le demi-diamètre, à chaque point de division. Les arcs de cercle A, H, sont décrits des points de division O O, et d'un rayon égal aux trois quarts du grand diamètre A H.

La mitre au diamètre diffère de la mitre aux trois quarts, en ce que les arcs V A, V H sont décrits des extrémités A, H, et d'un rayon égal au grand diamètre A H. Nous jugeons inutile de tracer la figure.

Les points obtenus de la sorte sur chaque division de la pièce de mâture, servent seulement à déterminer les contours, les arêtes du prisme rectangulaire dans lequel on inscrit le mât ou la vergue à huit pans ou cylindrique. Pour obtenir les huit pans, on partage les droites formant les divisions, considérées comme les diamètres des sections du mât, en cinq parties égales. On porte une des divisions obtenues, de chaque côté du carré primitif; par tous ces points on fait passer des lignes; elles déterminent les côtés d'un octogone. Il ne reste plus qu'à abattre les angles, pour obtenir le palmage à huit pans. Divisant ensuite chaque pan en quatre parties qu'on réunit deux à deux, on compose de la sorte un prisme régulier de 16 côtés; puis, abattant les angles, on termine à la galère, au rabot la portion cylindrique du mât ou de la vergue.

TABLEAU donnant la position du grand diamètre et ses décroissances aux extrémités des pièces de Mâture.

Cette décroissance sera réglée par les broches déduites des deux tracés distincts de la figure connue sous le nom de *mitre*, savoir : pour les *bas mâts*, la mitre construite avec des arcs de cercle décrits du milieu du diamètre, comme centre, avec un rayon égal à la moitié de ce diamètre (A). Pour les *autres espars*, la mitre décrite du quart et des trois quarts du diamètre, comme centre, avec un rayon égal aux trois quarts du même diamètre (B).

DÉSIGNATION DES PIÈCES.		FRACTION DU GRAND DIAMÈTRE CORRESPONDANT		POSITION DU GRAND DIAMÈTRE.	OBSERVATIONS.
		au bout du ton des flèches et aux extrémités des vergues.	au talon ou pied.		
Bas mâts verticaux		0,700	0,833	au 1er pont en dessous du gaillard.	(A) Dans ce cas, la mitre devient une circonférence de cercle, du même rayon que le mât, à son grand diamètre, et s'appelle ordinairement mitre au rayon.
Mâts de beaupré		0,555	0,833	aux apôtres.	
Mâts de hune		0,600	1,000	au chouq. du bas mât.	
Bâtons de grand foc		0,666	0,833	au chouq. du beaupré.	
Bâtons de clin-foc		0,500	0,606	au chouquet du bâton de grand foc.	(B) La figure prend ici en effet la forme d'une mitre figurée par l'intersection de deux arcs de cercle dont le rayon commun est égal aux 5/4 du grand diamètre. On l'appelle ordinairement mitre aux trois quarts.
Mâts de perroquet, suivant leurs longueurs	de 8 à 10m	0,600	1,000		
	de 10 à 12	0,560	1,000		
	de 12 à 14	0,540	1,000	au chouquet du mât de hune.	
	de 14 à 16	0,520	1,000		
	au-dessus de 16	0,500	1,000		Quelquefois on trace la mitre en prenant, pour rayon des arcs le diamètre du mât, et pour centres, les deux extrémités du diamètre. Elle s'appelle alors mitre au diamètre.
Vergues de toute sorte, suiv. leurs longueurs	de 5 à 10m	0,560	»		
	de 10 à 15	0,503	»		
	de 15 à 20	0,464	»	au milieu de leur longueur.	
	de 20 à 25	0,437	»		Cette mitre affaiblit les diamètres intermédiaires. Le besoin de concilier l'indication relative à la position du pied des mâts, dans les vergues d'assemblage, avec l'économie des espars élémentaires, pourrait seul autoriser exceptionnellement son emploi pour des vergues de très-fort diamètre.
	de 25 à 30	0,418	»		
	de 30 à 35	0,405	»		
Guis de brigantine		0,666	0,666	aux 2/3 de la long. à partir du mât.	
Cornes pour tous les mâts		0,555	0,833	au 1/5 de la long. à partir du mât.	
Bouts-dehors de bonnettes		0,666	0,720	au 1/3 de la long. à partir de la caisse.	
Vergues de bonnettes		0,50 à 0,66	»	au milieu de la long.	
Tangons		0,666	1,000	au milieu et sur toute la moitié d'en dedans.	

NOTES CONCERNANT LES MATS ET VERGUES.

BAS MATS VERTICAUX.

La portion du mât dans la cale est cylindrique, quelquefois à huit pans dans les bâtiments du commerce. Le pied du mât, dans l'emplanture, prend la forme d'un carré inscrit dans le cercle. On conserve le mât carré, dans toute la portion comprise entre les jottereaux. Le ton est à arêtes droites. Sur le ton des bas mâts, excepté à l'avant, on cloue des lattes en chêne, au nombre de 8 à 10. Ces lattes ont pour objet de garantir les tons de tout contact immédiat avec le capelage, de laisser circuler l'air et sécher les parties humides.

La jumelle de l'avant, seule tolérée, pour les grands bâtiments, garantit la vergue et le mât de tout frottement contre les cercles. Elle commence au-dessus des coussins, sur l'élongis, pour s'arrêter à 1^m60 au-dessus du pont.

Les jottereaux, d'une seule pièce dans les navires moyens, sont souvent en deux pièces dans le sens de la longueur, pour les grands navires; quelquefois même on les forme de trois pièces : l'une horizontale, au contact des élongis; les deux autres, verticales, réunies par des adents et s'emboîtant à tenon dans la pièce supérieure.

Le dessus des jottereaux se trouve au ras du ton; c'est la limite de la hauteur du mât, donnée par le réglement. Leur face arrière affleure un plan tangent à l'arrière du mât; la face avant correspond à la clef du mât de hune, et se raccorde par une console à la branche adhérente au mât. Vers l'avant aussi, au passage du mât de hune, les faces internes sont dévoyées.

Les tenons pour chouquet sont carrés, mais avec des angles fortement arrondis. La face arrière est parallèle aux génératrices du mât; la face avant s'incline de

0^m06 par mètre, pour donner plus de facilité à capeler et décapeler le chouquet. Les côtés sont inclinés de 0^m03 par mètre, dans le même but.

BEAUPRÉ.

Quel que soit l'apiquage du beaupré, le chouquet sera vertical. Les génératrices du ton sont parallèles à celles du mât. La face supérieure du beaupré est plane; c'est un des côtés de l'octogone; la partie extérieure est à huit pans ou cylindrique. Elle demeure carrée, au contact des apôtres, dans les bâtiments du commerce. Les buttoirs, ou les entailles dans la jumelle, suivant le cas, pour estropes de moques de sous-barbes, sont répartis de la manière suivante: la position de l'entaille de la première sous-barbe doit être réglée par l'intersection de l'étai de misaine avec le trait supérieur de la jumelle ou du beaupré; l'étai de misaine doit être, autant que possible, parallèle à celui du grand mât. Toutefois, l'entaille ou le buttoir pour première sous-barbe ne doit jamais être plus en dedans que le tiers, ni plus en dehors que le quart de la saillie du beaupré. La troisième sous-barbe se place le plus près possible des violons, en laissant la place du collier. Pour la sous-barbe intermédiaire (elle n'existe pas à partir de la corvette de 2e classe), on partage l'intervalle entre les deux précédentes en deux parties qui soient entr'elles comme 4 est à 5.

Les buttoirs sont réservés dans le bois même; celui du milieu porte le chevalet du bâton de foc. Dans les beauprés d'une seule pièce, la collerette pour étai de misaine est remplacée par un buttoir réservé dans la confection, autant que possible.

BATON DE GRAND FOC.

Le bout supérieur de cet espar a de longueur le grand diamètre $\times$ 1,30, subdivisé en deux parties, l'une pour capelage et blin, l'autre, en dehors, pour le demi-clan d'étai de perroquet. Les deux facteurs du diamètre sont alors 0,78 et 0,52. Au bout inférieur est pratiquée une engoujure pour le braguet. Le clan de guinderesse commence à la distance d'un diamètre, à prendre du bout intérieur.

BATON DE CLIN-FOC.

Cet espar a pour diamètre les 0,66 du bâton de grand foc. Le bout pour capelage a de longueur une fois et demie le diamètre du bâton de clin-foc. C'est aussi à la même distance du capelage que commence le premier clan.

Si le bâton de grand foc sert également de bâton de clin-foc, sa flèche est alors déterminée au réglement et se distribue en fonction des combinaisons réunies. L'étai de perroquet n'aura pas de clan.

GUI, CORNES, ARCS-BOUTANTS DE BEAUPRÉ, MARTINGALE.

Le gui est carré à son extrémité. Il peut porter des mâchoires ou bien une ferrure à branches pivotant dans un cercle fixé au bas mât.

Le bout de la corne de brigantine est fort souvent en bois dans les bâtiments du commerce. Il peut être en fer; dans ce cas, il est formé par une ferrure à branches embrassant le bout de la corne; on y ménage un ou plusieurs réas, pour drisses de pavillon et de signaux.

Le premier cercle pour drisse de pic est au cinquième de l'envergure, à partir du capelage; le second, au second cinquième.

On remarque à bord de quelques bâtiments du commerce des cornes de brigantine, à demeure à leur point d'application et s'abaissant contre le mât au moyen d'une articulation disposée à la base.

Dans les cornes des voiles goëlettes, le bout est toujours en bois; les mâchoires sont remplacées par une ferrure à pivot dans un cercle.

Les arcs-boutants de beaupré sont à mâchoires. Ils embrassent la tête du mât. Leur ouverture est donnée au réglement. Ils se terminent par un bout percé d'un ou de deux trous, pour haubans de clin-foc.

On grée les martingales à crochet ou à mâchoires.

MATS DE HUNE ET DE PERROQUET.

Le cul-de-lampe des mâts de hune a les côtés façonnés en octogone régulier. Il porte à sa partie supérieure un cercle de jarretière; un second cercle est placé au haut de la caisse, à la naissance du fût cylindrique; à la base est pratiquée une engoujure pour braguet.

Le ton est à pans carrés, mais avec les angles fortement arrondis. On ménage au tenon du chouquet une entrée inclinée comme pour le chouquet du bas mât.

Le mât de perroquet a le cul-de-lampe carré comme la caisse, avec engoujure pour braguet. Une contre-flèche égale à une fois et quart le diamètre de l'espar, s'élève au-dessus de la noix de cacatois. La noix de perroquet a de longueur deux fois et demie le diamètre; c'est aussi la longueur de la noix de cacatois.

VERGUES.

Les vergues, quand elles sont d'une pièce, sont laissées à huit pans sous les lattes; autrement, on les travaille à fût rond, quand elles sont d'assemblage. La latte de l'arrière devant être plus longue que les trois autres, pour préserver la vergue de frottement, le côté de l'octogone se trouve aussi prolongé à cette partie. On donne ordinairement pour longueur des huit pans, le quart de la longueur totale de la vergue, c'est-à-dire, un huitième de chaque côté. La longueur des lattes, et conséquemment des huit pans, est fixée au réglement, de la manière suivante:

Longueur des lattes ordinaires : la longeur totale de la vergue × 0,28;

Longueur de la latte de l'arrière : même longueur, × 0,67.

Les vergues de perroquet sont façonnées de même; elles n'ont qu'une latte sur l'arrière.

Au milieu de la vergue, entre les lattes, on applique un remplissage dont la longueur est égale à cinq fois le diamètre de la vergue.

Dans toutes les vergues, les angles des bouts sont largement arrondis et se raccordent avec le fût d'aussi court que le permet le chaumard d'écoute.

On ménage des adents, ou bien on ajoute des cercles à piton pour ris, aux vergues de hune.

La vergue de cacatois ne diffère de la vergue de perroquet que par la suppression du clan d'écoute.

Au point de suspension des vergues au tiers, des chasse-marées, lougres et embarcations, on réserve des taquets entre lesquels s'amarre la drisse; on renforce souvent encore la vergue par une jumelle en chêne, creusée, retenue par des roustures en filin, encastrées dans des engoujures.

HUNES, BARRES, ÉLONGIS, CHOUQUETS.

Le tableau N° 3 du réglement offre les dimensions des hunes et des principales pièces nécessaires à la tenue des mâts supérieurs, mais seulement pour la série particulière des bâtiments de l'État. Nous avons cru devoir rechercher les rapports de la longueur et de la largeur des hunes, comparativement à la largeur des bâtiments, prises en dehors des membres, et nous avons, en conséquence, dressé le tableau qui va suivre. On y trouve au bas la moyenne des rapports pour chaque classe. Les hunes des vaisseaux à trois ponts sont les mêmes que celles des vaisseaux à deux ponts, de première classe.

Le lecteur pourra continuer les recherches et dresser des tables de rapports pour les détails du réglement, détails étrangers aux données de notre ouvrage. Nous ajoutons encore, à titre de renseignement, les dimensions principales des hunes, barres, etc., autrefois en usage au port de Toulon, comparées aux diamètres correspondants des pièces de mâture. C'est, au surplus, aux ateliers de mâture qu'il faudra recourir pour les détails, en subordonnant leurs applications aux convenances particulières.

Les formes des hunes de la flotte ont subi des changements notables. Celles indiquées dans le réglement de 1852 avaient pour limite antérieure une courbe formée par des portions d'arcs de cercle, de rayons différents. Le côté de l'arrière était échancré. Le réglement actuel arrête les contours de la manière suivante :

Le côté arrière est droit. Sa longueur est égale à la largeur de la hune. Les côtés tribord et babord s'élèvent perpendiculairement au côté de l'arrière et se raccordent à l'avant par une demi-circonférence dont le rayon est égal à la demi-largeur de la hune (*fig.* 5). Les angles de l'arrière sont arrondis par un rayon égal à la largeur de la guérite ; largeur variable, qu'on peut évaluer moyennement à 0,040 de la largeur de la hune.

Les hunes des bâtiments du commerce n'ayant pas la même destination que celles des navires de guerre, se circonscrivent dans des bornes plus étroites. Leur forme résulte des usages du chantier, des indications des capitaines.

Tantôt ces hunes sont à caillebotis, tantôt elles se bordent en planches, entre lesquelles on conserve un jour de $0^{m}02$. Ces planches se relient à la guérite par des entailles à mi-bois.

DIMENSIONS DES HUNES DES NAVIRES DE L'ÉTAT,

D'après le Règlement de 1854.

NOMENCLATURE.	HUNES.						RAPPORTS AVEC LA LARGEUR DES BATIMENTS, (PRISE EN DEHORS DES MEMBRES.)					
	GRAND MAT.		MAT DE MISAINE.		MAT D'ARTIMON.		GRAND MAT.		MAT DE MISAINE.		MAT D'ARTIMON.	
	Longueur.	Largeur.	Longueur.	Largeur.	Longueur.	Largeur.	Longueur.	Largeur.	Longueur.	Largeur.	Longueur.	Largeur.
	m	m	m	m	m	m						
Vaisseaux à 3 ponts....	4,69	7,45	4,14	6,58	3,48	5,53	0,286	0,454	0,252	0,401	0,212	0,337
Vaisseaux à 2 ponts... 1re classe.	4,69	7,45	4,14	6,58	3,48	5,53	0,289	0,460	0,255	0,406	0,209	0,341
2e — .	4,52	7,17	4,00	6,34	3,32	5,28	0,287	0,455	0,254	0,402	0,211	0,335
3e — .	4,30	6,84	3,80	6,03	3,16	5,02	0,281	0,448	0,249	0,395	0,207	0,329
4e — .	4,14	6,58	3,64	5,78	3,06	4,87	0,286	0,454	0,251	0,399	0,211	0,336
Frégates... 1re classe.	4,14	6,58	3,64	5,78	3,06	4,87	0,294	0,467	0,258	0,400	0,217	0,345
2e — .	4,00	6,34	3,48	5,53	2,94	4,67	0,300	0,473	0,260	0,412	0,219	0,348
3e — .	3,80	6,03	3,32	5,28	2,82	4,47	0,306	0,486	0,268	0,426	0,227	0,360
4e — .	3,64	5,78	3,16	5,02	2,69	4,27	0,306	0,486	0,265	0,422	0,226	0,358
Corvettes.. 1re classe.	3,32	5,28	2,94	4,67	2,49	3,96	0,281	0,447	0,249	0,396	0,211	0,335
2e — .	3,16	5,02	2,82	4,47	2,36	3,76	0,304	0,483	0,271	0,430	0,227	0,361
3e — .	3,06	4,87	2,69	4,27	2,29	3,64	0,282	0,448	0,247	0,393	0,211	0,334
4e — .	3,06	4,87	2,69	4,27	2,29	3,64	0,315	0,502	0,277	0,440	0,236	0,375
5e — .	2,82	4,47	2,49	3,96	»	»	0,279	0,442	0,246	0,392	»	»
6e — .	2,69	4,27	2,49	3,96	»	»	0,318	0,505	0,295	0,450	»	»
7e — .	2,69	4,27	2,36	3,76	»	»	0,317	0,504	0,278	0,446	»	»
Bricks..... 1re classe.	2,82	4,47	2,60	4,12	»	»	0,296	0,466	0,271	0,429	»	»
2e — .	2,60	4,12	2,36	3,76	»	»	0,309	0,490	0,281	0,448	»	»
3e — .	2,49	3,96	2,29	3,64	»	»	0,311	0,495	0,286	0,455	»	»
4e — .	2,36	3,76	2,20	3,50	»	»	0,331	0,505	0,296	0,471	»	»
RAPPORTS MOYENS.												
Vaisseaux à 2 ponts....	»	»	»	»	»	»	0,286	0,454	0,252	0,400	0,209	0,335
Frégates	»	»	»	»	»	»	0,301	0,478	0,263	0,415	0,222	0,353
Corvettes	»	»	»	»	»	»	0,314	0,476	0,266	0,421	0,222	0,351
Bricks	»	»	»	»	»	»	0,312	0,489	0,283	0,451	»	»

DIMENSIONS PRINCIPALES DES HUNES ET BARRES.

Extrait du Tableau autrefois en usage au port de Toulon.

LÉGENDE DES UNITÉS DE BASE.

A, largeur du bâtiment, au maître-couple, en dehors des membres.
D, grand diamètre du bas mât ou du beaupré.
B, grand diamètre du mât de hune, ou du bâton de foc.
P, grand diamètre du mât de perroquet.
L, largeur, de tribord à babord, de la hune correspondante.

			Rapports.	
HUNES.		Largeur de tribord à babord, de la hune du grand mât	0,485	A
		— de la hune de misaine	0,465	A
		— de la hune d'artimon	0,335	A
		Longueur, de l'avant à l'arrière, des hunes (y compris la flèche de courbure de l'arrière) égale aux deux tiers de leur largeur	0,666	L
		Flèche de courbure horizontale de l'arrière	0,050	L
	TROU DU CHAT.	Distance de la face avant de la hune à la face avant du trou du chat (1/5e de la longueur de la hune)	0,133	L
		Longueur du trou du chat (1/2 de la longueur de la hune)	0,333	L
		Largeur de tribord à babord	0,400	L
BARRES DE HUNE.	ÉLONGIS.	La longueur des élongis est égale à la longueur de la hune, de l'avant à l'arrière, moins la flèche de courbure de l'arrière, ou bien à	0,616	L
		Hauteur verticale (1/10e de leur longueur)	0,062	L
		Épaisseur horizontale (1/2 de leur hauteur)	0,031	L
	TRAVERSINS.	Longueur égale à la largeur de la hune.		
		Largeur horizontale	0,060	L
		Épaisseur au milieu (1/2 de leur largeur)	0,030	L
		Épaisseur au bout (1/3 de l'épaisseur au milieu)	0,020	L
		Flèche du bouge horizontal	0,025	L

			Rapports.	
JOTTEREAUX.		Longueur	2,200	D
		Largeur au bout supérieur	1,333	D
		Épaisseur	0,210	D
		Largeur au petit bout inférieur	1,000	D
		Leur diminution, soit en longueur, soit en épaisseur, commence à partir du bout supérieur (à 1/3 de leur longueur.)	0,733	D
JUMELLES.	JUMELLES DE DEVANT DES BAS MATS.	Largeur au bout supérieur	0,420	D
		Épaisseur au bout supérieur	0,172	D
		Largeur au bout inférieur (6/7 de la largeur en haut)	0,360	D
		Épaisseur au bout inférieur (2/3 de l'épaisseur en haut)	0,115	D
		NOTA. — Les jumelles de devant des bas mâts descendent jusqu'à 1m30 ou 1m60 au-dessus du pont supérieur, et de 1m60 à 1m95 au-dessous des jottereaux, pour les petits.		
	JUMELLES DU BEAUPRÉ.	Largeur au bout supérieur	0,333	D
		Épaisseur au bout supérieur	0,155	D
		Largeur au bout inférieur (4/3 de la largeur en haut)	0,444	D
		NOTA. — La longueur des jumelles du beaupré se mesure à partir du chouquet jusqu'à 0m50 à 0,65 en avant de l'étrave.		
BARRES de PERROQUET.	ÉLONGIS.	Longueur	3,100	B
		Hauteur verticale (1/7 de leur longueur)	0,443	B
		Épaisseur horizontale	0,233	B
	BARRES OU TRAVERSINS.	Longueur	0,775	L
		Largeur horizontale, au milieu (3/100 de la long.)	0,023	L
		Épaisseur verticale, au milieu (5/6 de leur largr)	0,019	L
		Largeur au bout (5/6 de leur largeur au milieu)	0,019	L
		Épaisseur au bout (1/2 de l'épaisseur au milieu)	0,011	L
BARRES DE CACATOIS		Longueur du traversin	0,365	L

		Rapports.	
CHOUQUETS	Longueur	3,600	B ou P.
	Largeur	1,710	B ou P.
	Épaisseur	0,720	B ou P.
	NOTA. — B se rapporte aux chouquets des bas mâts et du mât de beaupré; P, aux chouquets des mâts de hune.		
	Distance de l'arrière du chouquet à la face arrière du trou carré pour recevoir le tenon du mât, 1/5 de la longueur.		
	Le trou carré pour tenon du mât est égal à 0,710 du diamètre du petit bout de ce mât.		
CLEFS EN FER, pour mâts de hune.	Longueur	1,250	D
	Hauteur verticale	0,290	B
	Largeur horizontale	0,225	B
CLEFS EN BOIS, et en deux pièces, pour mâts de perroquet	Longueur	1,250	B
	Hauteur verticale	0,470	P
	Hauteur horizontale (1/3 P)	0,333	P
	NOTA. — Chacune de ces pièces de bois aura de hauteur verticale au gros bout, les 2/3 de la hauteur totale, et au petit bout, le 1/3 de cette même hauteur.		

En achevant la tâche que nous nous sommes imposée, nous croyons que cet ouvrage élémentaire renferme les données suffisantes à la détermination des mâtures des bâtiments de tous genres. Si quelque partie se trouvait défectueuse, si, malgré nos efforts, des erreurs s'étaient glissées, nous nous empresserons de les rectifier, en accueillant avec reconnaissance les notes qui nous seront adressées.

Addimus antennas et vela sequentia malos.

Ov.

		Mètres.
[illegible]	Longueur	2,600
	Largeur	1,710
	Épaisseur	0,790

Nota. — [illegible] chouquets des [illegible] [illegible] ; [illegible] aux chouquets des [illegible].

[illegible] de l'ajuster du chouquet à la face [illegible] pour recevoir le tenon du mât [illegible].

[illegible] est égal à 0,710 [illegible] du petit bout de ce mât.

		Mètres.
[illegible]	Longueur	1,430
	Hauteur [illegible]	0,290
	[illegible]	0,225
[illegible]	Longueur	1,350
	Hauteur [illegible]	0,470
	[illegible] (1/3 [illegible])	0,333

Nota. — [illegible] de ces pièces de bois [illegible] gros bout, les 2/3 de la [illegible], au petit bout, le 1/2 de cette [illegible].

En achevant la tâche que nous nous sommes imposée, nous croyons que cet [illegible] conforme les données nécessaires à la détermination des mâtures [illegible] de tous genres. Si quelque partie se trouvait défectueuse, si, malgré nos efforts, des erreurs s'étaient glissées, nous nous empresserions de les rectifier, en [illegible] avec reconnaissance les notes qui nous seront adressées.

TABLE DES MATIÈRES.

FIN DE LA TABLE.

5399 — Nantes, IMPRIMERIE CHARPENTIER, rue de la Fosse, 32.

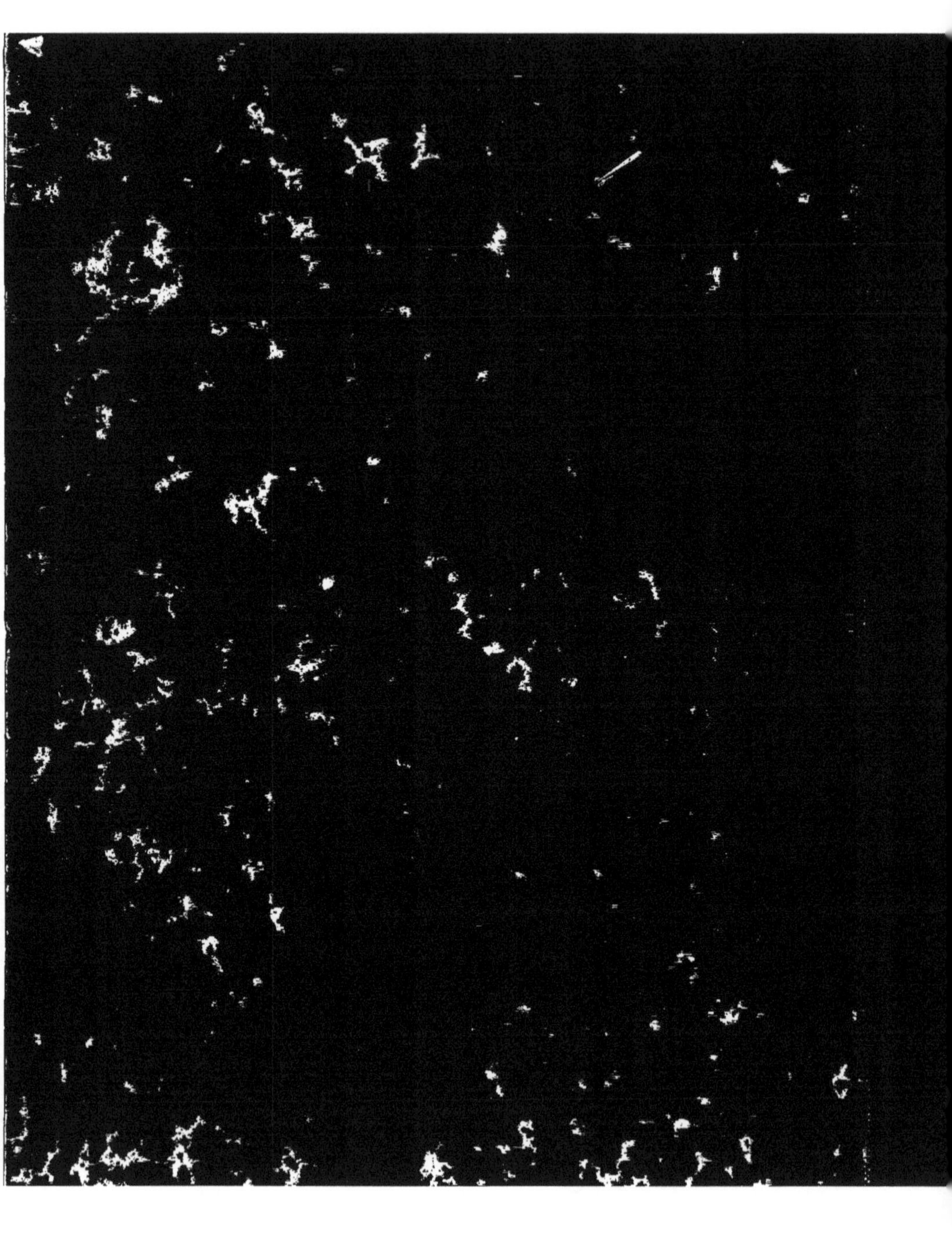

www.ingramcontent.com/pod-product-compliance
Ingram Content Group UK Ltd.
Pitfield, Milton Keynes, MK11 3LW, UK
UKHW012046240726
13965UKWH00003B/1085

9 782012 931299